老味厨房

营养炖煮，好吃又健康

陈绪荣 主编
中国烹饪文化大师

黑龙江出版集团
黑龙江科学技术出版社

图书在版编目（CIP）数据

营养炖煮，好吃又健康 / 陈绪荣主编. -- 哈尔滨 : 黑龙江科学技术出版社，2016.10
ISBN 978-7-5388-8936-9

Ⅰ. ①营… Ⅱ. ①陈… Ⅲ. ①炖菜－菜谱 Ⅳ. ①TS972.128

中国版本图书馆CIP数据核字(2016)第206165号

营养炖煮，好吃又健康

YINGYANG DUNZHU , HAOCHI YOU JIANKANG

主　　编　陈绪荣
责任编辑　王嘉英
摄影摄像　深圳市金版文化发展股份有限公司
策划编辑　深圳市金版文化发展股份有限公司
封面设计　金版文化·朱小良
出　　版　黑龙江科学技术出版社
地址：哈尔滨市南岗区建设街41号　邮编：150001
电话：（0451）53642106　传真：（0451）53642143
网址：www.lkcbs.cn　www.lkpub.cn
发　　行　全国新华书店
印　　刷　深圳市雅佳图印刷有限公司
开　　本　723 mm×1020 mm　1/16
印　　张　10.5
字　　数　150 千字
版　　次　2016年10月第1版
印　　次　2016年10月第1次印刷
书　　号　ISBN 978-7-5388-8936-9
定　　价　29.80元

幸福生活，小火慢炖

Preface

—— 前言

曾经听说过这样一句话："因为一个人，恋上一座城。"

其实，也可能是因为一个人，恋上一首歌，恋上一出戏，抑或是简单地恋上一种味道，炒、蒸、炖、煮，或荤或素，千变万化，始终不离的还是那种老味道。

老味厨房系列图书旨在重现这种舌尖的老味道，让这种味道温暖每一个人。本套图书包括《清新素食，好吃不怕胖》《原味清蒸，好吃又营养》《多味小炒，好吃不停筷》《营养炖煮，好吃又健康》四本。作者凭借大量精美的图片，以及简明的制作步骤，教您如何在厨房的小小天地中找寻记忆深处的美味，并学会烹制美味佳肴。

也许，您是一位刚刚步入社会的职场新人，脱离了妈妈的怀抱，正自由兴奋地开始新的生活，但是面对冰箱里的各种食材，却不知该怎么下手，甚至烦恼地想着，是否该给妈妈打个电话，问问她该做什么。那么，请您翻开这套书，肯定会给您妈妈般的贴心指导。

也许，您是一位单身男士，那么，请您翻开这套书，做一顿既不费时又健康美味的晚餐，或许这顿美餐瞬间就可以治愈您的心。或者，当您为心中的她奉上自己亲手制作的烛

光晚餐的时候，您与她心目中的暖男可能就只有一线之隔。

也许，您是一位幸福人妻，有了自己的小家，有了属于自己的小厨房，正幻想着用自己的双手魔术般地变出吸引人的美味佳肴。翻开这套书，您就可以从一个完全不会烹饪，每次下厨总是手忙脚乱的烹饪新手，变成“上得厅堂下得厨房”的烹饪达人。

也许，您是一位新手妈妈或者新手爸爸，心里总是抱着希望宝宝健康成长的愿望。那么，请您杜绝外食，烹饪出色香味俱全并能引起孩子食欲的美味食物，就显得尤其重要。翻开这套书，蒸、炖、炒，荤素菜品应有尽有，相信一定可以满足各位爸爸妈妈的需求。

也许，你早已经厌倦了在油烟中翻飞锅铲，希望告别油烟，用清爽的方式满足家人的胃口，一锅热腾腾的炖菜绝对符合你的需求。一口锅，几种搭配适宜的食材，再加上一份耐心，就能做出滋味不同的炖菜！

翻开《营养炖煮，好吃又健康》这本书，里面既有暖烘烘味道鲜美的汤，又有味浓浓酥软不烂的菜，能让人从舌尖一直暖到心里。本书囊括了滋味醇厚的炖肉、封存美味的豆制品和干货炖菜、鲜掉舌头的河海鲜佳肴以及吃腻大鱼大肉后的清肠蔬食，不管你是烹饪高手还是厨艺菜鸟，都能学会一款适合你的炖菜。

Contents

01

变身烹饪高手，炖煮课堂开讲啦

02

肉类炖煮菜肴

03

豆类、豆制品和干货炖煮菜肴

04

河 海 鲜 炖 煮 菜 肴

05

锦上添花的配菜

CHAPTER

01 变身烹饪高手，炖煮课堂开讲啦

喧嚣的城市中，“锅碗交响曲”在各家上演，
忙碌了一天的你开始在油烟中为家人的肚皮奋斗，
望着新鲜的食材，顿觉烹饪技术上的捉襟见肘，
这时，简单的炖煮会给你意想不到的惊喜，
告别油烟，放一段轻松的音乐，
来一段“炖煮圆舞曲”！

肉类食材处理

肉是我们日常生活中必不可少的食材，在炖煮领域应用广泛，可以制成多种菜肴，口感丰富，受人欢迎。但是这些肉类食材处理起来颇为繁琐，很多时候令人不知道该如何下手。下面就教你如何处理麻烦的肉类食材。

猪排骨

猪排骨适宜用淘米水来清洗，再放进沸水中汆烫一下，捞出沥水，将整条排骨均匀地切成长段即可。

猪蹄

猪蹄表面的猪毛较难清理，应将其放在灶上用火燎后，用刀刮干净，再涮洗干净，沥干水分，从中间切一刀，斩成两半，再切成块状备用。

猪大肠

猪大肠属于比较特殊的食材，用清水不易清洗，可以将其放入盆中，加入适量的盐、白醋，搅拌后浸泡几分钟。再将猪大肠翻卷过来，洗去脏物，捞出，放入干净盆中，倒入淘米水泡一会儿。最后在流水下搓洗两遍，改刀后烹饪即可。

牛肉

牛肉适宜用淘米水浸泡15分钟左右，而后用手抓洗干净，沥干水，用刀从中间切成两半，再切成同样大小的块状即可。

羊排

锅里加入清水，放入少许葱和姜片，将洗净的羊排放入其中，将水烧开，汆烫羊排，将汆烫好的羊排放在流水下冲洗，沥干水分，用刀沿着肋骨，将羊排切开，再斩成均匀的块状即可。

鸡肉

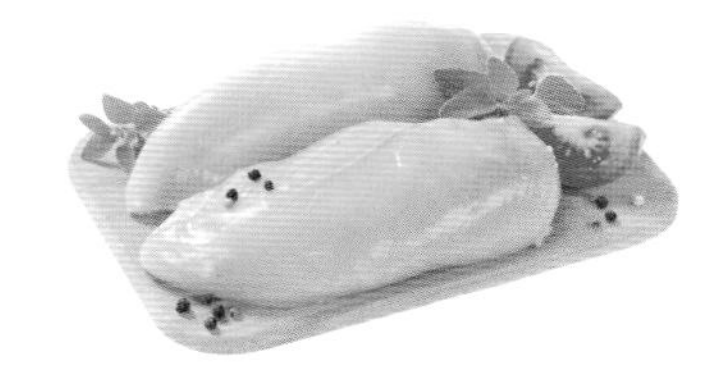

鸡肉营养价值高，但不易清洗。将宰杀好的鸡放在流水下轻轻冲洗，再把鸡油和脂肪切除，鸡肉切成小块状，放入沸水锅中汆烫，捞起后再进行彻底的清洗即可。

鸡爪

鸡爪本身有一股土腥味，要想去掉腥味，最好先用碱粉去味，用手揉搓均匀，静置15分钟左右，涮洗干净，放入沸水锅中汆烫后再清洗干净即可。

家常干货的泡发秘诀

我们在家做菜时，偶尔会泡发干货。其实，泡发干货有不少的技巧，比如银耳、木耳、粉丝、粉条宜用冷水泡，香菇、腐竹宜用热水泡，干菜、海带最好用淘米水泡，等等。实际上泡发干货也是一门学问，有好多技巧呢。

木耳

泡发干木耳须用冷水，温热水泡发会使木耳不易分开，而且还会溶解不少营养成分，口感也绵软发黏。另外，黑木耳容易粘泥沙，可用盐水清洗，轻轻揉匀，待水变浑，再用清水淘洗即可。

粉丝、粉条 它们虽然不怕烫，但要想口味最佳，还得用冷水泡发。当粉丝、粉条的颜色由透明变为白色或浅黄色时，可用手掐断粉丝、粉条，观察它的截面，没有硬心，就说明已经泡发好了。

香菇

粉丝、粉条

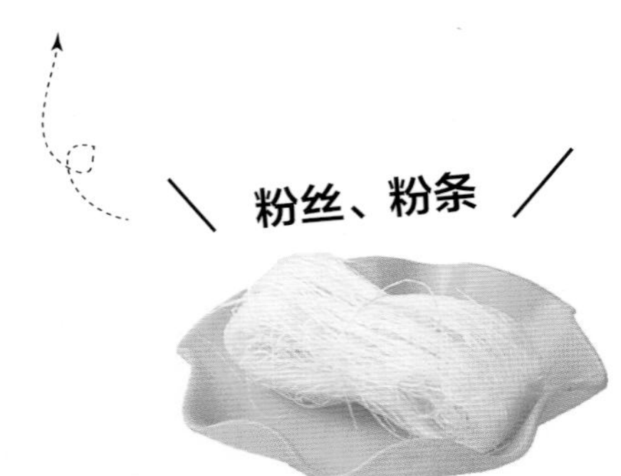

泡发香菇最好用温热水，菇盖朝下放置。最好在温热水里加入少许白砂糖，这样可以加快水分浸透香菇的速度，从而节省泡发时间。等香菇泡软了，用手捏住轻轻旋转搓洗，去除香菇中的泥沙。

腐竹

用热水泡发腐竹，并在腐竹上面覆压一个盘子之类的重物，这是泡发干货的必学技巧。因为腐竹密度较轻，不压盖重物的话它就会一直浮于水面，很长时间都不能泡发好。

黄花菜

将黄花菜用温水浸泡，回软后捞出，摘净顶部的硬梗，除净杂质，再入冷水锅煮沸，捞出后用冷水浸泡即可使用。

海带

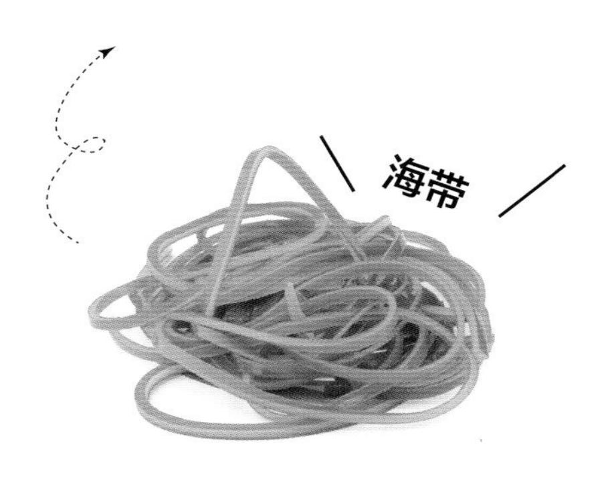

海带最好用淘米水泡发，易胀易发，煮时易烂，味道鲜美。海带用水浸发后，还应该焯一下水，可去除腥味。

海参

泡发海参也有两种方法。一种是冷泡法，将海参浸入清水内，泡约3天，取出后剖去肠杂、腹膜，再换清水浸泡至柔软。另一种是热泡法，直接将海参随冷水装入锅内煮开，再加盖焖泡4～5小时，捞出，搓去表面的沙粒，用清水洗净，再换清水下锅烧开，焖泡几小时后取出，去肠杂、腹膜。

干贝

将干贝洗净，装入盆内，加热水上屉蒸2小时（热水不要淹过干贝，炉火不宜过旺），然后取下，换清汤加调味料，入屉再蒸，直蒸至用手一掐即刻散断为止。再取下，用原汤浸泡，待用。

做好炖菜必备的美味高汤

制作高汤是制作炖菜中很重要的一个环节。不同的料理使用不同食材熬煮成的高汤，不但不会破坏食材的原味，还能提升食材的美味，如蔬菜高汤、鸡骨高汤、猪骨高汤、鱼骨高汤等，从而做出一道道令人食欲大增的菜肴。

蔬菜高汤

/用途/

可以让食材的口感变得丰富起来，适合用来制作素食。

用料

水4升，胡萝卜180克，白萝卜160克，西芹250克，西红柿120克，蘑菇110克，洋葱200克，青蒜100克，月桂叶、百里香、荷兰芹梗各适量，白胡椒10克，盐4克

做法

1 将胡萝卜、白萝卜、西芹、青蒜、洋葱、西红柿、蘑菇分别洗净，切成大丁，备用。

2 将水及所有蔬菜与香料一起放入大锅中，拌匀，大火煮沸后转小火煮1小时。

3 用滤网将汤过滤，取清汤即可。

鸡骨高汤

/用途/

鸡骨高汤用于提升各式菜肴的味道，令菜肴更加美味可口。

用料

水4升，鸡骨2000克，洋葱200克，胡萝卜100克，西芹100克，青蒜80克，月桂叶、百里香、荷兰芹梗各适量，盐4克，白胡椒10克

做法

1 将鸡骨洗净，剁成小段；洋葱、胡萝卜、西芹、青蒜分别洗净，切成丁。

2 汤锅中注入清水烧开，将鸡骨放入，汆去血水后捞出洗净。

3 将鸡骨放入汤锅中，加入其他用料，大火烧开，再转中火慢煮90分钟，将熬好的高汤用细滤网过滤即可。

牛骨高汤

用料

水4升，小牛骨2000克，洋葱200克，胡萝卜100克，西芹120克，青蒜50克，月桂叶、百里香、荷兰芹梗各适量，白胡椒5克，盐4克

做法

1 将小牛骨洗净，沥干水分，剁成小段；将洋葱、胡萝卜、西芹、青蒜分别洗净，均切成小丁。
2 小牛骨放入沸水中汆烫，去除血水和杂质。
3 汤锅中放入水、小牛骨、香料、所有蔬菜丁和盐，大火烧开，再用小火煮约7小时，随时去除浮油，最后用滤网将汤过滤即可。

/用途/
此汤在西餐中可作为牛肉汤的基底原料，如西红柿牛肉汤、罗宋汤、匈牙利牛肉汤等。

鱼骨高汤

用料

水4升，鱼骨2000克，洋葱200克，胡萝卜、西芹各100克，月桂叶、百里香、荷兰芹梗各适量，盐4克，白胡椒10克，白葡萄酒100毫升

做法

1 将鱼骨洗净；洋葱、胡萝卜均去皮，洗净后切块；西芹洗净后切段。
2 鱼骨放入沸水中，汆去血水、杂质，捞出。
3 将鱼骨、香料、所有蔬菜、白葡萄酒和盐均放入汤锅中，加入水以大火煮开，改小火再熬煮约1小时，最后滤出汤汁即可。

/用途/
鱼骨高汤一般可以作为海鲜类汤品，或鱼类、肉类菜肴的调味汤底。

蘑菇高汤

/用途/ 蘑菇高汤十分鲜美，又富有营养，通常可以作为蔬菜类汤品，或肉类汤品的调味汤底。

用料

水4升，松茸100克，羊肚菌、牛肝菌各120克，洋菇200克，香菇150克，洋葱100克，青蒜80克，月桂叶、百里香、荷兰芹梗各适量，白胡椒10克，盐4克

做法

1 将松茸、羊肚菌、牛肝菌、青蒜、洋葱、香菇、洋菇分别洗净，切成大丁，备用。

2 将水及所有蔬菜、香料和盐一起放入大锅中，拌匀，大火煮沸后转小火煮2~3小时。

3 用滤网将汤过滤，取清汤即可。

猪骨高汤

/用途/ 猪骨高汤一般作为各式各样汤品的汤底，同时也可以作为基础味来调味。

用料

水4升，猪骨2000克，洋葱200克，胡萝卜、西芹各100克，青蒜50克，月桂叶、百里香、荷兰芹梗各适量，盐4克，白胡椒5克

做法

1 将猪骨洗净，沥干水分，剁成小段；洋葱、胡萝卜、西芹、青蒜分别洗净，切成丁。

2 猪骨放入沸水中汆烫，去除血水和杂质，捞起，沥干水分。

3 汤锅中放入水、猪骨、香料、所有蔬菜丁和盐，大火烧开，再用小火煮3~4小时，随时去除浮油，最后用滤网将汤过滤即可。

CHAPTER

02 肉类炖煮菜肴

好吃的肉往往都是要靠时间“打磨”出来的，
所以，只管将美味的肉交给一口好锅慢慢炖煮好了，
最后吃时肉质也从肥瘦相间逐渐变得筋瘦，
甜削减了柴，咸缓解了腻，再加上滋润的酱汁，
吃完总觉得意犹未尽！

老味厨房

番茄珍珠丸子

30 min

〈材 料〉 肉胶500克，生粉25克，肥肉丁70克，花生酱15克，食粉5克，枧水5毫升，香菇粒45克，葱花少许，糯米70克，番茄酱30克，干荷叶数张

〈调 料〉 盐3克，白糖3克，鸡粉3克，生抽4毫升，生粉4克，芝麻油3毫升，食用油适量

/ 做法 /

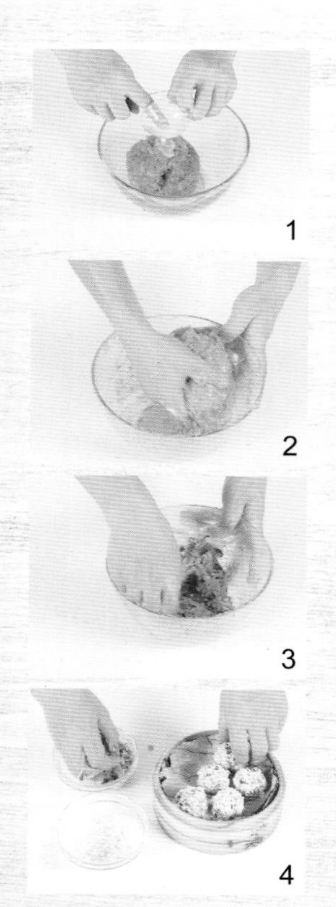

1 把肉胶倒入碗中，食粉加枧水搅匀，加入其中，放入花生酱、盐、少许清水，拌匀，搅至起浆。

2 再放入白糖、鸡粉、生抽，拌匀，加入生粉，拌匀，倒入肥肉丁、芝麻油，拌匀。

3 加入适量香菇粒、葱花，拌匀，取适量捏成丸子状，裹上糯米，制成生坯。

4 将生坯放入垫有干荷叶的蒸笼里，再将蒸笼放入烧开的蒸锅里，大火蒸20分钟，取出；锅中注入少许食用油烧热，放入丸子，再放入番茄酱和适量清水，煮至丸子入味即可。

养生小讲堂

糯米含有蛋白质、维生素B_1、维生素B_2、烟酸、钙、磷、铁等营养成分，具有补中益气、健脾养胃、止虚汗等功效。

意式飘香肉丸

25 min

〈材 料〉 牛肉150克，鸡蛋100克，核桃仁20克，樱桃番茄10克，吐司2片，面包丁、百里香适量、葱花少许

〈调 料〉 橄榄油20毫升，盐6克，芝士粉10克，胡椒粉8克

/ 做法 /

1 将吐司四边去除，切成小丁；鸡蛋搅散；樱桃番茄对半切开；葱花切末；牛肉去筋，剁成肉泥，放入面包丁、蛋液搅匀，再加入盐、芝士粉、胡椒粉，拌匀制成肉丸。

2 锅中注入橄榄油烧热，放入肉丸煎至表面焦黄。

3 放入核桃仁，炒至散发香味，放入清水，煮沸，放入百里香、盐、樱桃番茄，煮至肉丸入味，将煮好的食材装入盘中，放上百里香，撒上葱花即成。

土豆炖猪肉

15 min

〈材 料〉 土豆100克，猪肉80克，红椒50克，口蘑30克，葱段适量

〈调 料〉 盐2克，生抽5毫升，生粉、红油、食用油各适量

养生小讲堂

土豆含有膳食纤维、维生素及多种矿物质，具有健脾和胃、通便排毒、瘦身等功效。

/ 做法 /

1 将洗净去皮的土豆切成小块。
2 将猪肉切成条，装入碗中，放入生抽、食用油、生粉，拌匀腌渍片刻。
3 红椒去籽切条；洗净的口蘑切成块。
4 锅中注入食用油烧热，放入猪肉条，炒至变色，加入清水，煮沸，放入土豆块、口蘑块、红椒条，煮至断生。
5 放入盐、红油，搅拌均匀，撒入葱段，拌匀，关火后盛入碗中即可。

鲜蔬炖肉

〈材 料〉 土豆100克，猪肉150克，胡萝卜80克，青豆80克，香叶、花椒、八角、桂皮各适量

〈调 料〉 盐2克，食用油各适量

/ 做法 /

1 将洗净去皮的土豆切成块；洗净的猪肉切成条。

2 将洗净去皮的胡萝卜切成片。

3 将洗净的青豆放入沸水锅中，焯熟后捞出，沥干水分。

4 锅中注油烧热，放入香叶、花椒、八角、桂皮，爆香，注入适量清水，煮至沸腾，放入猪肉条、土豆块、胡萝卜片、青豆，煮至食材断生，加入盐，拌匀，盛出即可。

1

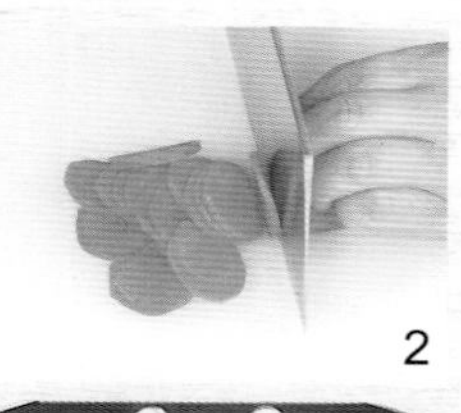
2

3

4

\养生小讲堂/

胡萝卜含有蔗糖、葡萄糖、胡萝卜素、钾、钙、磷等营养成分，具有明目、润肠、增强免疫力等功效。

老味厨房

红烧肉炖粉条

〈材 料〉 水发粉条300克，五花肉550克，姜片、葱段各少许，八角1个，香菜少许

〈调 料〉 盐、鸡粉各1克，白糖2克，老抽3毫升，料酒、生抽各5毫升，食用油适量

/ 做法 /

1. 洗净的五花肉切粗条，切块；香菜洗净，切段；泡好的粉条从中间切成两段。
2. 沸水锅中倒入切好的五花肉块，汆煮一会儿后捞出，沥干水分，装盘待用。
3. 热锅注油，爆香八角、姜片、葱段，放入五花肉块，加入料酒、生抽炒匀。
4. 注入清水，加入老抽、盐、白糖，拌匀，用小火炖1小时至熟软入味。
5. 倒入泡好的粉条，加入鸡粉，拌匀，续煮5分钟至熟软，关火后盛出，放上香菜段点缀即可。

养生小讲堂

猪肉含有蛋白质、脂肪酸、半胱氨酸、维生素B_1、铁、锌等营养成分，具有补肾养血、滋阴润燥、补中益气等功效。

辣味炖肉

12 min

〈材 料〉 猪瘦肉500克，干辣椒20克，姜末10克，白芝麻适量，葱花少许

〈调 料〉 盐3克，鸡粉2克，生抽15毫升，料酒10毫升，水淀粉、辣椒酱、食用油各适量

/ 做法 /

1 将猪瘦肉洗净，切成块。
2 将干辣椒切碎。
3 锅中注水烧开，放入猪瘦肉块，汆煮片刻，去除浮沫，捞出，沥干水分。
4 锅中注油烧热，放入姜末、干辣椒碎炒香，再放入猪肉块，炒匀。
5 加入生抽、料酒、盐、鸡粉、辣椒酱，小火煮10分钟，用水淀粉勾芡，盛出，撒上葱花、白芝麻即可。

土豆炖排骨

〈材 料〉 排骨段255克，土豆135克，八角10克，葱段、姜片各少许

〈调 料〉 料酒10毫升，盐2克，鸡粉2克，生抽4毫升，食用油适量

养生小讲堂

排骨有很高的营养价值，可为幼儿和老人提供钙质，具有益精补血的功效。

/ 做法 /

1 洗净去皮的土豆切成块。
2 锅中注入清水大火烧开，倒入排骨，汆煮去除血水和杂质，捞出。
3 用油起锅，倒入葱段、姜片、八角，爆香，倒入备好的排骨段，翻炒匀，淋上料酒，翻炒片刻，倒入土豆块。
4 淋入生抽，炒匀，加入适量的清水，大火煮开后转小火炖煮30分钟，加入盐、鸡粉，翻炒调味，盛出即可。

沙茶排骨

32 min

〈材 料〉 排骨段255克，胡萝卜80克，八角10克，葱段、姜片各少许

〈调 料〉 沙茶酱20克，料酒10毫升，盐2克，生抽4毫升，食用油适量

/ 做法 /

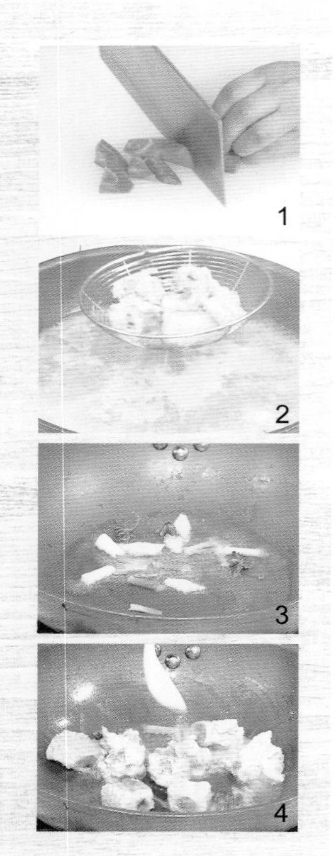

1 洗净去皮的胡萝卜切成块。

2 锅中注入清水烧开，倒入处理好的排骨段，汆煮去除血水和杂质，捞出，沥干水分。

3 用油起锅，倒入葱段、姜片、八角，爆香，倒入备好的排骨段，翻炒匀。

4 淋上料酒，倒入胡萝卜块，放入生抽、沙茶酱炒匀，加入清水，大火煮开后转小火炖煮30分钟，加入盐，翻炒调味，关火后盛入盘中即可。

养生小讲堂

八角的主要成分是茴香油，它能刺激胃肠神经血管，促进消化液分泌，增加胃肠蠕动，有健胃、行气的功效。

排骨玉米莲藕汤

123 min

〈材 料〉 排骨块300克，玉米100克，莲藕110克，胡萝卜90克，香菜叶、姜片、葱段各少许

〈调 料〉 盐2克，鸡粉2克，胡椒粉2克

/ 做法 /

1 处理好的玉米切成小块；洗净去皮的胡萝卜切滚刀块；洗净去皮的莲藕切成块；锅中注入清水烧开，倒入排骨块，汆煮去除血水，捞出，沥干水分。
2 砂锅中注入清水烧开，倒入排骨块、莲藕块、玉米块、胡萝卜块，再加入葱段、姜片，拌匀煮沸，转小火煮2个小时至食材熟透。
3 加入盐、鸡粉、胡椒粉，搅拌调味，关火后将汤盛入碗中，放上香菜叶即可。

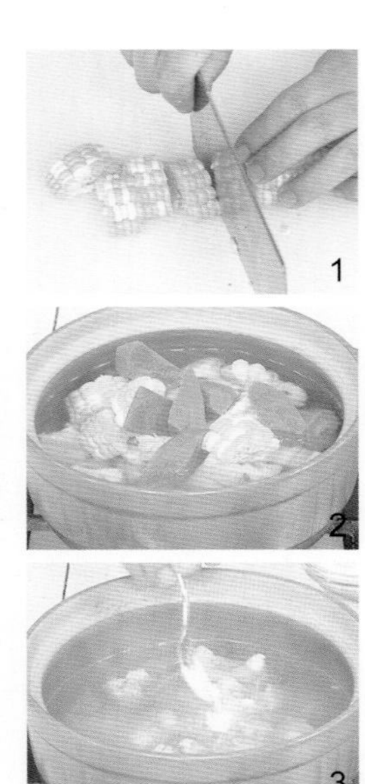

芋头排骨煲

〈材 料〉 芋头400克，排骨段250克，葱花适量

〈调 料〉 盐2克

/ 做法 /

1 洗净去皮的芋头切丁。
2 锅中注入适量的清水大火烧开，倒入排骨段，汆煮去除杂质，捞出，沥干水分。
3 锅中注入清水烧热，倒入排骨段，大火煮开转小火焖20分钟，倒入芋头块，搅拌匀。
4 盖上盖，小火续焖10分钟至熟透，焖制好后揭开锅盖，加入盐，搅拌调味，关火，将煮好的菜盛入碗中，撒上葱花即可。

东北乱炖

〈材 料〉 去皮土豆180克，四季豆70克，午餐肉65克，圆椒50克，茄子70克，西红柿80克，姜片、葱段、高汤各适量

〈调 料〉 生抽5毫升，鸡粉2克，盐3克，食用油适量

/ 做法 /

1 处理好的四季豆切成段；洗净的茄子用刀拍扁，撕成粗条；去除包装的午餐肉切成厚片。
2 洗净的圆椒切开去籽，切成小块；洗净去皮的土豆切成不规则的小块；洗净的西红柿切小瓣儿。
3 用油起锅，倒入葱段、姜片，爆香，倒入土豆块、四季豆段、茄子条，淋上生抽，翻炒上色，倒入高汤，放入午餐肉片，拌匀。
4 再加入盐，搅拌调味，大火炖10分钟至熟透，倒入西红柿瓣、圆椒块，翻炒匀，放入鸡粉，再稍微煮5分钟，关火后将炖煮好的菜肴盛出装入碗中即可。

养生小讲堂

西红柿含有胡萝卜素、维生素C、钙、磷、钾、镁、铁等成分，具有促进食欲、清热解毒、增强免疫力等功效。

口蘑桃仁汆双脆

〈材 料〉 猪肚120克，鸭胗100克，口蘑50克，核桃、生菜叶各15克

〈调 料〉 盐2克，胡椒粉2克，芝麻油2毫升，鸡粉3克，料酒10毫升

/ 做法 /

1 洗净的口蘑切成小块；备好的猪肚切一字花刀，切成块；备好的鸭胗切十字花刀，但不切断。

2 热锅注水煮沸，放入鸭胗、猪肚块、料酒，汆水5分钟，捞出，洗净，盛至盘中。

3 在滚水的锅中放入核桃、口蘑块、汆过水的食材，搅拌均匀，再放入盐、鸡粉、胡椒粉、生菜叶，搅拌均匀至入味，盛至备好的碗中，倒入少量芝麻油即可。

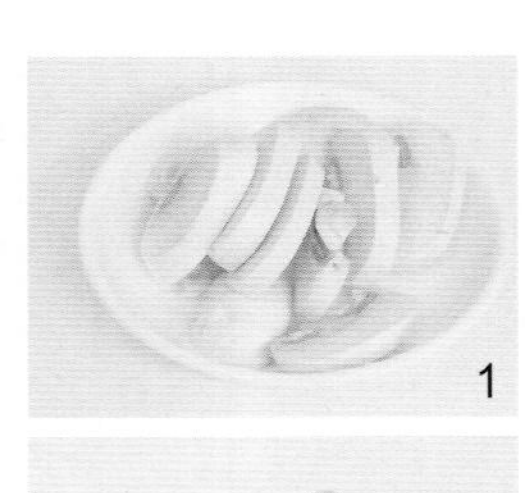
1

2

3

当归炖猪腰

〈材 料〉 猪瘦肉块100克，腰花80克，当归6片，红枣4克，枸杞4克，姜片2片

〈调 料〉 盐2克

/ 做法 /

1 取出电饭锅，打开盖子，通电后倒入洗净的猪瘦肉块，倒入洗好的腰花。
2 再放入当归、红枣、枸杞，倒入姜片。
3 加入适量清水至没过食材，搅拌均匀，盖上盖子，按下“功能”键，调至“靓汤”状态，煮2小时至汤味浓郁。
4 按下“取消”键，打开盖子，加入盐，搅匀调味，断电后将煮好的汤装碗即可。

大蒜炖猪肚

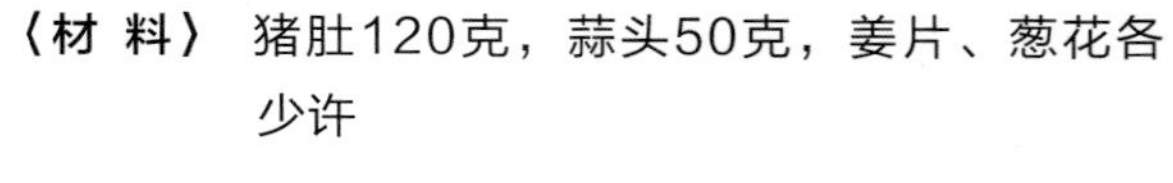

〈材 料〉 猪肚120克，蒜头50克，姜片、葱花各少许

〈调 料〉 盐、胡椒粉各2克

/ 做法 /

1 猪肚切条，待用。
2 砂锅注水烧开，倒入猪肚条，放入蒜头、姜片，搅拌均匀。
3 盖上锅盖，用大火煮开后转小火续煮1小时至猪肚条软嫩。
4 揭盖，加入盐、胡椒粉，搅匀调味，关火后盛出煮好的猪肚汤，装碗，撒上葱花即可。

养生小讲堂

猪肚性温味甘，含有蛋白质、脂肪、钙、钾、铁、维生素A、维生素E等营养元素，具有补中益气、健补脾胃、增强免疫力等作用。

肉末尖椒猪血

〈材 料〉 猪血300克，青椒30克，红椒25克，肉末100克，姜片、葱花各少许

〈调 料〉 盐2克，鸡粉3克，白糖4克，生抽、陈醋、水淀粉、胡椒粉、食用油各适量

/ 做法 /

1 将洗净的红椒切成圈状；将洗好的青椒切块；将处理好的猪血横刀切开，切成粗条。
2 锅中注入适量清水烧开，倒入猪血条，加入盐，汆煮片刻，捞出，装入碗中备用。
3 用油起锅，倒入肉末，炒至转色，加入姜片，倒入清水，放入青椒块、红椒圈、猪血条，加入盐、生抽、陈醋、鸡粉、白糖，拌匀，煮3分钟至熟。
4 撒上胡椒粉，拌匀，煮约1分钟至入味，倒入水淀粉，拌匀，关火，将煮好的菜肴盛入盘中，撒上葱花即可。

\养生小讲堂/

猪血含有维生素B_1、维生素B_2、维生素E、烟酸及钠、铁、钙等营养成分，具有益气补血、排除有害物质、止血化瘀等功效。

川辣牛肉

30 min

养生小讲堂

牛肉含有蛋白质、维生素B_1、维生素B_2、磷、钙、铁等营养成分，具有增强抵抗力、补脾胃、益气血、强筋骨等功效。

〈材 料〉 牛肉200克，土豆100克，大葱30克，干辣椒10克，香叶4克，八角、蒜末、葱段、姜片各少许

〈调 料〉 生抽5毫升，老抽2毫升，料酒4毫升，豆瓣酱10克，水淀粉、食用油各适量

/ 做法 /

1 将牛肉切成小块；把洗净的大葱用斜刀切段；洗好去皮的土豆切大块。

2 热锅注油烧热，倒入土豆块，拌匀，炸半分钟，至其呈金黄色，捞出。

3 锅底留油烧热，倒入干辣椒、香叶、八角、蒜末、姜片，炒香，放入牛肉块，炒匀，加入料酒、豆瓣酱炒香。

4 放入生抽、老抽，炒匀上色，注入适量清水，煮20分钟，至其入味，倒入土豆块、葱段，拌匀，用小火续煮5分钟至食材熟透。

5 拣出香叶、八角，倒入水淀粉勾芡，关火后盛出锅中的菜肴即可。

老味厨房

罗宋汤

40 min

〈材 料〉 猪肉200克，火腿100克，卷心菜150克，西红柿、土豆各50克，洋葱、西芹各35克，鸡骨高汤800毫升，蒜末、新鲜芫荽碎各少许

〈调 料〉 番茄酱35克，面粉30克，细砂糖10克，盐、食用油各适量

/ 做法 /

1 猪肉洗净切丁；火腿切丁；卷心菜洗净切条；西红柿洗净切块；土豆、洋葱均去皮切块；西芹洗净切丁。

2 锅中注入清水烧开，倒入猪肉丁，焯煮。

3 炒锅置于火上，倒入食用油烧热，先下入蒜末、猪肉丁、洋葱块、西芹丁、面粉，炒至香气透出，放入卷心菜条、土豆块、西红柿块、火腿丁，加入盐，炒匀，盛出。

4 汤锅置于火上，倒入鸡骨高汤煮沸，倒入炒好的菜肴，加入番茄酱、盐、细砂糖，中火煮30分钟，最后将煮好的汤汁装碗，撒上新鲜芫荽碎即可。

养生小讲堂

卷心菜是钾元素的良好来源，多吃含钾丰富的食物可以排出我们体内多余的钠盐，防止水肿，减少对肾脏的负担。

红酒炖牛肉

125 min

〈材 料〉 牛肉800克，土豆150克，胡萝卜100克

〈调 料〉 牛骨原浓汁500毫升，红酒300毫升，橄榄油20毫升，胡椒盐3克，黑胡椒碎5克，月桂叶2克

/ 做法 /

1 将牛肉洗净，切成小块；土豆去皮洗净，切成小块；胡萝卜去皮洗净，切圆丁。
2 把牛肉块装入碗中，撒入黑胡椒碎，腌制30分钟；平底锅注入橄榄油烧热，倒入土豆块、胡萝卜丁，翻炒片刻，盛入盘中。
3 将牛肉块和土豆块、胡萝卜丁放入锅中，放入红酒、牛骨原浓汁、月桂叶，煮沸后小火煨煮2小时，调入胡椒盐拌匀，并盛入碗中即可。

澳式牛肉煲

126 min

〈材 料〉 牛肉300克，胡萝卜块、洋葱块各适量，葱白、姜片各少许

〈调 料〉 黄油30克，番茄酱12克，盐2克，胡椒粉、香叶各少许

/ 做法 /

1 牛肉洗净放清水里浸泡15分钟去血水，再切成小块，放入冷水锅中，加入料酒，水开后再煮2分钟，捞出。
2 锅烧热后放入黄油，小火烧至融化，放入洋葱块煸香，加入胡萝卜块、葱白和姜片炒香，调入番茄酱，炒匀。
3 加入香叶，再倒入热水、牛肉块，烧开后转入砂锅，小火炖煮2小时，加入盐、胡椒粉调味即可。

南瓜咖喱牛肉碎

8 min

〈材 料〉 南瓜500克，洋葱60克，胡萝卜50克，青椒40克，牛肉120克，姜片、蒜末、葱段各少许

〈调 料〉 盐2克，鸡粉2克，白糖5克，咖喱粉5克，水淀粉、料酒、生抽、椰浆、食用油各适量

/ 做法 /

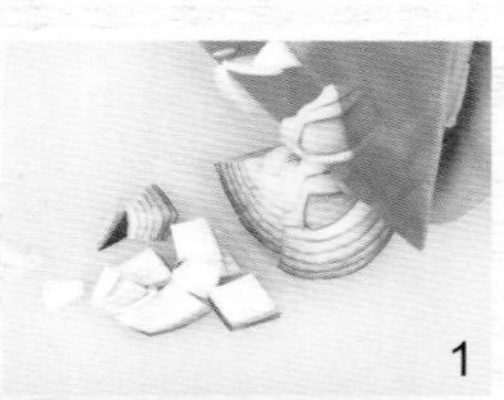

1

2

3

4

1 洗净的洋葱切小块；洗好的青椒去籽，切成小块；洗净的胡萝卜切成粒；洗好的南瓜切成小块；洗净的牛肉剁成末。

2 用油起锅，爆香姜片、蒜末，倒入牛肉末，炒至转色，淋入料酒，炒香，加入生抽，炒匀。

3 倒入胡萝卜粒、洋葱块、青椒块、南瓜块，拌炒匀，注入清水，放入盐、鸡粉、白糖、椰浆，拌匀调味。

4 再撒入少许咖喱粉，拌匀，用小火焖3分钟至食材熟透，用大火收汁，倒入水淀粉勾芡，盛出炒好的菜，撒上少许葱段即可。

养生小讲堂

南瓜含有淀粉、蛋白质、胡萝卜素、维生素和钙、磷、锌等成分，这些都是儿童生长发育所需的重要物质。

萝卜炖牛肉

扫码看视频

〈材 料〉 胡萝卜120克，白萝卜230克，牛肉270克，姜片少许

〈调 料〉 盐2克，老抽2毫升，生抽6毫升，水淀粉6毫升

/ 做法 /

1 将洗净去皮的白萝卜切成大块；洗好去皮的胡萝卜切成块；洗好的牛肉切成块。
2 锅中注入适量清水烧热，放入牛肉块、姜片，拌匀，加入老抽、生抽、盐，煮开后用中小火煮30分钟。
3 倒入白萝卜块、胡萝卜块，用中小火煮15分钟。
4 倒入适量水淀粉，拌匀，关火后盛出煮好的菜肴即可。

\养生小讲堂/

白萝卜含有维生素A、纤维素、维生素C、氨基酸等成分，具有清热解毒、润肠通便、美容养颜等功效。

板栗炖牛肉

养生小讲堂

板栗含有淀粉、蛋白质、脂肪、钙、磷、铁、维生素等成分，具有健脾养胃、补肾、美容养颜等功效。

〈材 料〉 胡萝卜50克，板栗肉80克，牛肉块80克，香叶、八角、桂皮、葱段、大蒜、姜块各适量

〈调 料〉 盐3克，生抽6毫升，鸡粉2克，水淀粉4毫升，白酒10毫升，食用油适量

/ 做法 /

1 洗净去皮的胡萝卜切滚刀块；备好的板栗肉对半切开。

2 用油起锅，倒入葱段、姜块、大蒜，爆香，倒入处理好的牛肉块，翻炒至转色。

3 倒入白酒，翻炒片刻去腥，放入八角、桂皮、香叶，翻炒出香味，注入清水，煮开后转中火煮35分钟。

4 倒入切好的板栗块、胡萝卜块，放入盐、生抽，搅匀调味，续煮20分钟，再放入鸡粉、水淀粉，拌匀，关火后盛入盘中即可。

番茄炖牛腩

〈材 料〉 牛腩块300克，西红柿250克，胡萝卜70克，洋葱50克，姜片少许

〈调 料〉 盐3克，鸡粉、白糖各2克，生抽4毫升，料酒5毫升，食用油适量

/ 做法 /

1 将洗净去皮的胡萝卜切滚刀块；洗好的洋葱切块；洗净的西红柿切块。

2 锅中注入清水烧开，放入洗净的牛腩块，搅匀，汆煮一会儿，去除血渍后捞出，沥干水分。

3 用油起锅，撒上姜片，爆香，倒入切好的洋葱块、胡萝卜块，炒匀，放入牛腩块，淋入料酒，放入生抽，炒香。

4 倒入西红柿丁，注入清水，加入盐，烧开后转小火煮约1小时，至食材熟透，放入鸡粉、白糖，拌匀，至汤汁收浓，装入盘中即可。

2

3

4

\ 养生小讲堂 /

紫洋葱含有一种叫硒的抗氧化剂，能使人体产生大量的谷胱甘肽，让癌症发生率大大下降。

匈牙利牛腩

30 min

〈材 料〉 牛腩350克，土豆250克，洋葱100克，红彩椒、黄彩椒各15克，青椒、欧芹各少许

〈调 料〉 盐3克，白糖、胡椒粉、红椒粉、红酒、牛肉汤、橄榄油、白兰地各适量

/ 做法 /

1 土豆去皮切丁；红彩椒、黄彩椒和青椒均切丁；欧芹、洋葱均切碎末；牛腩切丁，用白兰地、盐腌渍10分钟至入味；锅中倒入橄榄油烧热，放入洋葱碎、欧芹碎，炸香。

2 倒入牛腩丁、土豆丁、红彩椒丁、黄彩椒丁、青椒丁、红酒、牛肉汤，煮开后用小火煮25分钟，加入盐、白糖、胡椒粉调味，盛出即成。

辣炖山药牛腩

〈材 料〉 牛腩240克，山药150克，胡萝卜100克，豆瓣酱40克，干辣椒30克，香叶、八角、姜片、蒜头各少许

〈调 料〉 盐2克，料酒、生抽、食用油各适量

/ 做法 /

1 洗净去皮的山药切厚片；洗净去皮的胡萝卜切滚刀块；处理好的牛腩切成块状；锅中注入清水烧开，倒入牛腩，汆煮去除血水，捞出。
2 锅注油烧热，倒入香叶、八角、姜片、蒜头、干辣椒、豆瓣酱、牛腩块、料酒、生抽炒匀。
3 倒入清水，大火煮开后转小火炖30分钟，倒入山药片、胡萝卜块，拌匀，续炖30分钟至熟透，加入盐调味即可。

鹌鹑蛋煮牛腩

〈材 料〉 牛腩175克，鹌鹑蛋135克，香菜叶、八角、姜片、葱段各少许

〈调 料〉 盐、白糖、生抽、料酒、食用油各适量

/ 做法 /

1 处理好的牛腩切块状；锅中注水烧开，倒入牛腩，汆煮去血水，捞出，沥干水分。
2 热锅注油烧热，爆香八角、姜片、葱段，倒入牛腩块、料酒、生抽，拌匀，注入清水，倒入煮熟去壳的鹌鹑蛋，加入盐、白糖，大火煮开后转小火煮1小时。
3 将牛腩块盛出装入碗中，摆放上香菜叶即可。

老味厨房

萝卜土豆牛腩煲

25 min

〈材 料〉 熟牛腩240克，土豆130克，去皮胡萝卜120克，洋葱90克，香菜碎10克，八角、桂皮、姜片、蒜头各适量

〈调 料〉 盐2克，生抽5毫升，黄豆酱10克，鸡粉2克，食用油适量

/ 做法 /

1 熟牛腩切块；洗净去皮的胡萝卜切成块；洗净去皮的土豆切成块；洋葱切成块；蒜头去皮，对半切开。

2 热锅注油烧热，倒入蒜头、姜片、八角、桂皮，爆香，倒入土豆块、胡萝卜块，翻炒片刻。

3 淋入少许生抽，倒入黄豆酱，翻炒上色，倒入熟牛腩块，注入少许清水，拌匀。

4 加入盐、鸡粉、洋葱，拌匀，盛入砂锅中，煮开后转小火炖20分钟，盛出，撒上香菜碎即可。

养生小讲堂

香菜营养丰富，中医认为，香菜有发汗透疹、消食下气、醒脾和中、促进胃肠蠕动的作用。

香炖羊腿

〈材 料〉 羊小腿2根，香叶、八角、桂皮、葱段、大蒜籽、姜块、香菜各适量

〈调 料〉 盐3克，生抽6毫升，白酒10毫升，食用油适量

/ 做法 /

1 用油起锅，倒入葱段、姜块、大蒜籽，爆香，倒入白酒，翻炒片刻。
2 放入八角、桂皮、香叶，翻炒出香味，注入些许清水，煮至微开。
3 放入处理好的羊小腿，大火煮开后转中火煮35分钟，放入盐、生抽，搅匀调味。
4 盖上锅盖，续煮20分钟至入味，关火后将炖好的羊小腿装入盘中，放上香菜即可。

\养生小讲堂/

羊肉营养丰富，补虚效果明显，而且还能促进血液循环，从而起到驱寒暖胃、增强免疫力的作用。

花生炖羊肉

〈材 料〉 羊肉400克，花生仁150克，葱段、姜片各少许

〈调 料〉 生抽、料酒、水淀粉各10毫升，盐、鸡粉、白胡椒粉各3克，食用油适量

/ 做法 /

1 洗净的羊肉切厚片，改切成块。
2 沸水锅中放入羊肉块，搅散，汆煮至转色，捞出羊肉块，放入盘中待用。
3 热锅注油烧热，放入姜片、葱段，爆香，放入羊肉块，炒香，加入料酒、生抽，炒匀。
4 注入300毫升的清水，倒入花生仁，撒上盐，大火煮开后再转小火炖30分钟。
5 加入鸡粉、白胡椒粉、水淀粉，充分拌匀入味，关火后将炖好的菜肴盛入盘中即可。

养生小讲堂

花生含有蛋白质、不饱和脂肪酸、多种维生素等营养成分，具有促进脑细胞发育、增强记忆力、醒脾和胃等功效。

萝卜炖鸡翅

〈材 料〉 鸡翅200克，白萝卜200克，姜片适量

〈调 料〉 盐3克，生抽2毫升，料酒3毫升，食用油少许

/ 做法 /

1 洗净去皮的白萝卜切成块。
2 洗净的鸡翅装入盘中，撒上姜片，加入少许盐，淋入生抽、料酒，腌渍约15分钟。
3 锅中注入适量食用油烧热，放入腌好的鸡翅，煎至表面呈金黄色。
4 注入适量清水，加入白萝卜块，拌匀，盖上锅盖，煮至食材断生，再加入盐调味，盛出即可。

养生小讲堂

鸡翅含有维生素A、钙、磷、铁等营养成分，具有温中补脾、补气养血、促进骨骼发育等功效。

腊肠魔芋丝炖鸡翅

〈材 料〉 魔芋丝170克，鸡中翅200克，腊肠60克，青椒5克，八角适量，干辣椒10克，芹菜30克，姜片、葱白各少许

〈调 料〉 盐4克，生抽10毫升，料酒8毫升，鸡粉2克，白胡椒粉2克，蚝油5克，食用油适量

/ 做法 /

1 青椒洗净切段；芹菜切成小段；腊肠切成片；鸡中翅对半切开，装入碗中，放入盐、生抽、料酒、白胡椒粉、蚝油，拌匀腌渍10分钟。

2 热锅注水烧开，倒入魔芋丝，汆后捞出；热锅注油烧热，爆香葱白、姜片、八角、青椒段，倒入鸡中翅、干辣椒、腊肠片。

3 淋入料酒、生抽，注入清水，放入魔芋丝、盐，拌匀，小火煮10分钟至入味，放入芹菜段、鸡粉，拌匀，盛出即可。

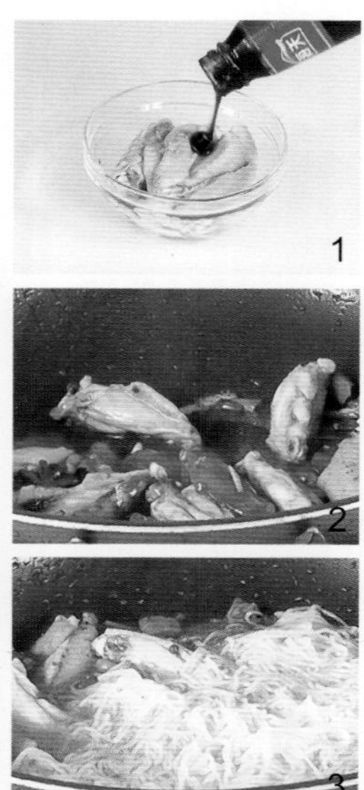

卷心菜圣女果炖鸡肉

〈材 料〉 卷心菜50克，鸡肉50克，圣女果70克，芝士粉5克

〈调 料〉 胡椒粉3克，盐2克

养生小讲堂

鸡肉含有钙、磷、铁等成分，有补肾、益气补血的功效。

/ 做法 /

1 洗净的圣女果均切成四瓣；处理好的卷心菜切成小块；处理好的鸡肉剁成末，再捏成鸡肉丸。

2 锅中注入适量清水烧开，放入卷心菜块、圣女果瓣、鸡肉丸。

3 加入胡椒粉、盐，注入适量清水，煮至食材熟透。

4 将煮好的汤盛出，装入碗中，撒上芝士粉食用即可。

奶油鸡肉鲜汤

〈材 料〉 鸡胸肉200克，黄瓜、樱桃萝卜各100克，黄彩椒50克，洋葱15克

〈调 料〉 无盐奶油30克，鸡骨高汤800毫升，鲜奶油60毫升，盐、橄榄油各适量

/ 做法 /

1 鸡胸肉、黄瓜、红萝卜均洗净切条；黄彩椒洗净，去蒂、籽，切丁；洋葱去皮，洗净切丝。

2 炒锅置于火上，注入适量的橄榄油烧热，倒入鸡胸肉条、黄瓜条、樱桃萝卜条、黄彩椒丁、洋葱丝，炒匀。

3 调入适量的盐，翻炒至熟，注入鸡骨高汤，放入无盐奶油、鲜奶油，搅拌均匀，煮至汤汁沸腾，盛出，装入碗中即可。

养生小讲堂

黄瓜含有蛋白质、糖类、维生素C、维生素E、胡萝卜素等成分，具有美容养颜、清热解毒等功效。

番茄炖鸡肉

《材 料》 鸡肉200克，西红柿70克，姜片10克，大葱白20克，葱花5克

《调 料》 盐3克

/ 做法 /

1 处理好的鸡肉切成大块；洗净的大葱白切成段。
2 洗净的西红柿切成瓣儿，再切成块，待用。
3 备好电饭锅，加入备好的鸡肉块、西红柿块，再放入姜片、盐、大葱白段，注入适量清水，拌匀，煮30分钟至食材熟透。
4 待30分钟后，按下“取消”键，打开锅盖，倒入备好的葱花，拌匀，盛入碗中即可。

养生小讲堂

大葱含胡萝卜素、苹果酸、碳酸等成分，有利肺通阳、通乳止血的功效，其香辣味可以刺激胃液分泌，增进食欲。

香辣鸡肉

〈材 料〉 公鸡一只（宰杀处理干净后500克左右），青椒45克，红椒40克，蒜头40克，葱段、姜片、蒜片、花椒、桂皮、八角、干辣椒各适量

〈调 料〉 豆瓣酱15克，盐2克，鸡粉2克，生抽8毫升，辣椒油5毫升，花椒油5毫升，食用油适量

/ 做法 /

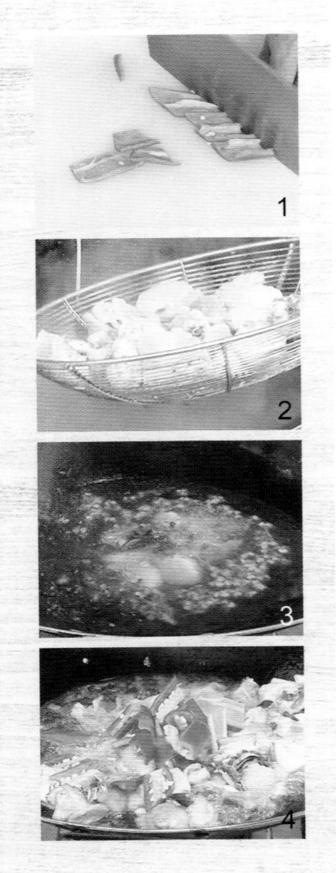

1 洗净的青椒、红椒均去蒂，切开，再切段；宰杀处理干净的公鸡斩成小块。

2 锅中注入清水烧开，倒入鸡块，搅散开，煮至沸，汆去血水，捞出，沥干水分。

3 热锅注油，烧至四成热，倒入八角、桂皮、花椒，放入蒜头，炸出香味，倒入鸡块，翻炒均匀，加入姜片、蒜片、干辣椒，放入青椒段、红椒段、豆瓣酱，炒出香味。

4 注入清水，煮20分钟，放入盐、鸡粉、生抽，再淋入辣椒油、花椒油，拌匀，略煮一会，盛入碗中，放上葱段即成。

养生小讲堂

青椒营养丰富，含有较多的维生素C、辣椒素及铁、铜、钙等营养物质，有刺激唾液和胃液分泌的作用，能增进食欲，帮助消化。

花菜炖鸡肉

〈材 料〉 鸡肉200克，花菜70克，土豆80克，胡萝卜50克，豆角50克，葱花、香菜叶各适量

〈调 料〉 盐3克

/ 做法 /

1 处理好的鸡肉切成块；洗净的花菜切成小朵。
2 洗净去皮的土豆切成块；洗净去皮的胡萝卜切成片；豆角切成段。
3 锅中注入适量清水烧开，加入备好的鸡肉块、土豆块、胡萝卜片，拌匀，煮30分钟至食材熟透。
4 放入花菜朵、豆角段，加入盐，拌匀调味，煮至食材熟透，关火，撒上葱花和香菜叶即可。

养生小讲堂

花菜含有膳食纤维、胡萝卜素、B族维生素等营养成分，具有清热解渴、增强免疫力、开胃、美白等功效。

法式红酒鸡肝

〈材 料〉 鸡肝200克，苹果200克，洋葱50克，鼠尾草、蒜末、姜末各适量

〈调 料〉 橄榄油10毫升，盐3克，柠檬汁10毫升，黑胡椒碎适量，胡椒粉5克，干红葡萄酒20毫升

/ 做法 /

1 将洗净的鸡肝切成片状；苹果洗净去皮去核之后切片；洋葱切丝，待用。
2 在烧热的锅中注入适量的橄榄油烧热，放入蒜末、姜末、鸡肝、苹果片翻炒匀，加入柠檬汁、胡椒粉，拌匀调味。
3 加入洋葱丝，倒入干红葡萄酒煮至食材熟透。
4 加入盐、黑胡椒碎调味。
5 将煮好的鸡肝、苹果片装入盘中摆好，放上鼠尾草装饰即成。

养生小讲堂

苹果含有膳食纤维、维生素A、B族维生素、维生素C等营养成分，具有扩张血管、润肺润胃、减肥等作用。

魔芋泡椒鸡

12 min

〈材 料〉 魔芋300克，鸡脯肉120克，泡朝天椒圈30克，姜丝、葱段各少许

〈调 料〉 盐、白糖各2克，鸡粉3克，白胡椒粉4克，料酒、辣椒油、生抽各5毫升，水淀粉、蚝油、食用油各适量

/ 做法 /

1 魔芋切成块；洗好的鸡脯肉切成丁，用盐、料酒、白胡椒粉、水淀粉、食用油腌渍10分钟；取一只碗，倒入清水，放入魔芋块，浸泡10分钟，捞出。

2 用油起锅，倒入鸡肉丁、姜丝、葱段、泡朝天椒圈，炒匀，倒入魔芋块、生抽，拌匀。

3 注入清水，拌匀，中火煮8分钟至食材熟软，加入白糖、蚝油、鸡粉、水淀粉、辣椒油，拌匀，关火后盛出即可。

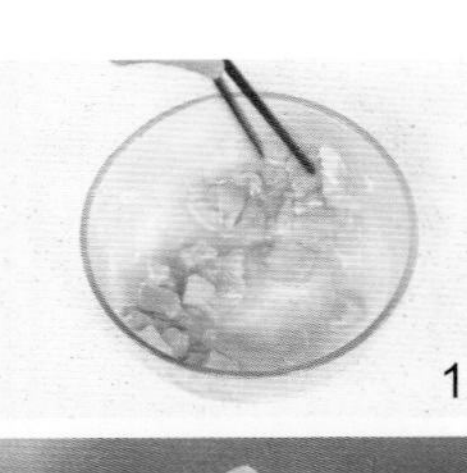

1

2

3

青梅汶鸭

70 min

〈材 料〉 鸭肉块400克，土豆160克，青梅80克，洋葱60克，香菜叶适量

〈调 料〉 盐2克，番茄酱、料酒、食用油各适量

/ 做法 /

1 将洗净去皮的土豆切成块状；洗好的洋葱切成片；青梅切去头尾。
2 锅中注入清水烧开，倒入鸭肉块、料酒，煮2分钟，汆去血渍，捞出。
3 用油起锅，倒入鸭肉块，炒匀，放入洋葱片，炒匀，加入番茄酱，注入清水。
4 倒入青梅、土豆块，焖煮片刻，加入盐，拌匀调味，用小火续煮30分钟，关火后盛出炒好的菜肴，放上适量香菜叶即可。

茶树菇莲子炖乳鸽

〈材 料〉 乳鸽块200克，水发莲子50克，水发茶树菇65克

〈调 料〉 盐、鸡粉各1克

养生小讲堂

莲子含有丰富的磷，能帮助机体进行蛋白质、脂肪、糖类代谢。

/ 做法 /

1 锅中注水烧开，放入洗净的乳鸽块、泡好的茶树菇，加入泡好的莲子。
2 注入适量清水，炖2小时，至食材入味。
3 加入盐、鸡粉，搅拌均匀。
4 将炖好的汤盛出，装入碗中即可。

CHAPTER

03 豆类、豆制品和干货炖煮菜肴

物美价廉的豆类、豆制品和干货，满足了我们对美味的幻想，
食材迷人的鲜味被储存下来，将春夏的记忆绵延到秋冬，
它们在烹饪上有无尽的可能性，在吸饱水分之后，
不但能最大限度地还原其新鲜时候的滋味，
还用自己本身的味道极好地衬托其他食材的鲜香。

老味厨房

胡萝卜南瓜豆腐汤

8 min

〈材 料〉 去皮南瓜100克，胡萝卜140克，豆腐150克，葱花少许

〈调 料〉 盐、鸡粉各2克，食用油适量

/ 做法 /

1 去皮南瓜切成片；洗净的胡萝卜切成片；豆腐切成小块。
2 用油起锅，倒入南瓜片、胡萝卜片，拌炒片刻。
3 倒入适量清水，放入豆腐块，煮5分钟。
4 在锅中加入盐、鸡粉，拌匀，将煮好的汤盛入碗中，撒上葱花即可。

养生小讲堂

豆腐含有蛋白质、B族维生素、叶酸等营养成分，具有补中益气、清热润燥、清洁肠胃等功效。

百宝煮豆腐

〈材 料〉 豆腐1块，虾、带子各100克，鸡汤200毫升，胡萝卜粒、青豆、玉米粒、蒜蓉、姜末各适量

〈调 料〉 白胡椒粉、盐、水淀粉各适量

/ 做法 /

1 虾和带子洗净切粒，腌渍片刻；豆腐切块，备用。

2 平底锅注油烧热，爆香蒜蓉、姜末，放入虾粒、带子粒翻炒。

3 放入洗净的胡萝卜粒、青豆、玉米粒，炒约1分钟。

4 倒入鸡汤，放入豆腐块，再加入盐和白胡椒粉，煮至食材熟透入味，最后用水淀粉勾芡，盛出即可。

\养生小讲堂/

青豆含有不饱和脂肪酸、膳食纤维、维生素A等多种营养物质，具有延缓衰老、益智健脑、明目等作用。

紫菜豆腐煲

17 min

〈材 料〉 豆腐150克，水发黄花菜30克，虾皮10克，水发紫菜5克，枸杞5克，葱花2克

〈调 料〉 盐、鸡粉各2克

/ 做法 /

1 洗净的豆腐切片。
2 砂锅中注水烧热，倒入水发黄花菜，放入虾皮。
3 倒入切好的豆腐片，拌匀，加入盐、鸡粉，拌匀，加盖，用大火煮15分钟至食材熟透。
4 揭盖，倒入枸杞、紫菜，加入盐、鸡粉，拌匀。
5 关火后盛出煮好的汤，装在碗中，撒上葱花点缀即可。

养生小讲堂

紫菜含有碘、钙、铁、多糖等多种营养成分，具有增强记忆力、促进骨骼生长、养生保健和提高人体免疫力等多种功效。

老味厨房

豌豆苗豆腐榨菜汤

5 min

〈材 料〉 豌豆苗40克，豆腐100克，榨菜丝30克

〈调 料〉 盐、红油各适量

/ 做法 /

1 择洗好的豌豆苗切成小段。

2 备好的豆腐横刀对切，切条，再切小块。

3 将豌豆苗段放入电饭煲中，注入适量清水。

4 放入豆腐块、榨菜丝，拌匀，煮至食材断生，加入盐、红油，拌匀，盛入碗中即可。

养生小讲堂

豌豆苗营养丰富，含有钙质、B族维生素、维生素C、胡萝卜素等成分，有利尿、止泻、消肿、止痛和助消化等作用。

豆腐秋葵香辣汤

〈材 料〉 嫩豆腐300克，洋葱50克，秋葵60克，熟白芝麻5克，味噌20克，简易辣椒酱15克

〈调 料〉 椰子油3毫升，盐2克

/ 做法 /

1 备好的嫩豆腐切粗条，再切成块；洗净的秋葵切去头尾，切成圈；洗净的洋葱切去头尾，切成薄片。

2 热锅注入椰子油烧热，放入味噌、简易辣椒酱，炒匀，倒入洋葱片，注入清水，煮至沸腾。

3 倒入嫩豆腐块，再次煮沸后，加入盐，放入秋葵圈，拌匀，关火后，将煮好的汤盛入碗中，撒上熟白芝麻即可。

卤虎皮豆腐

22 min

〈材 料〉 北方豆腐300克，葱段、姜片各少许，八角2个，桂皮3克，花椒2克

〈调 料〉 盐2克，鸡粉1克，生抽5毫升，老抽3毫升，食用油适量

/ 做法 /

1 洗净的北方豆腐切厚片。
2 锅中注油烧热，放入豆腐炸4分钟，捞出，待油温烧热至八成熟，放入炸过一遍的虎皮豆腐片，复炸半分钟，捞出。
3 洗净的锅中注油烧热，爆香葱段、姜片、八角、桂皮、花椒，注入清水。
4 加入生抽、老抽、盐、虎皮豆腐，烧开后转小火煮10分钟，加入鸡粉，搅匀，盛出虎皮豆腐片，放凉后切成条，装盘即可。

蘑菇竹笋豆腐

〈材 料〉 豆腐400克，竹笋50克，口蘑60克，葱花少许

〈调 料〉 盐少许，水淀粉4毫升，鸡粉2克，生抽、老抽、食用油各适量

/ 做法 /

1 洗净的豆腐切块；洗好的口蘑切成丁；去皮洗净的竹笋切成丁。
2 锅中注入清水烧开，放入盐、口蘑丁、竹笋丁，搅拌匀，煮1分钟，放入豆腐块，搅拌均匀，略煮片刻，把焯煮好的食材捞出，沥干水分，装盘备用。
3 锅中倒入适量食用油，放入焯过水的食材，翻炒匀，加入清水，放入适量盐、鸡粉、生抽、老抽，搅拌均匀。
4 放入适量水淀粉勾芡，关火后把煮好的食材盛出，撒上葱花即可。

养生小讲堂

口蘑是一种较好的减肥美容食品。它所含的大量植物纤维，能防止便秘、促进排毒、预防糖尿病。

油豆腐皮卷

12 min

〈材 料〉 油豆腐皮150克，去皮芦笋80克，去皮胡萝卜70克，素高汤150毫升

〈调 料〉 盐、鸡粉各1克

/ 做法 /

1 洗净去皮的胡萝卜切条，从中间切成两段；洗净去皮的芦笋并排放好，切成均等三段。
2 洗好的豆腐皮摊开从中间切开，重叠后再从中间切开，最后一次重叠从中间切开成方形豆腐皮。
3 取一张豆腐皮，放上一根胡萝卜条和一根芦笋段，卷起豆腐皮，用牙签固定，做成豆腐皮卷，装盘待用。
4 锅置火上，倒入素高汤，烧热，倒入豆腐皮卷，加入盐、鸡粉，用大火煮10分钟至豆腐皮卷熟软入味。
5 关火后将豆腐皮卷放在盘中，淋入适量汤汁即可。

养生小讲堂

芦笋含有丰富的叶酸，是孕妇补充叶酸的重要来源。芦笋还含有多种微量元素，具有防止癌细胞扩散的功能。

川味豆腐皮丝

12 min

〈材 料〉 豆腐皮150克，瘦肉200克，水发木耳80克，豆瓣酱30克，香菜叶、姜丝各少许

〈调 料〉 盐、鸡粉、白糖各1克，陈醋、辣椒油各5毫升，食用油适量

/ 做法 /

1

2

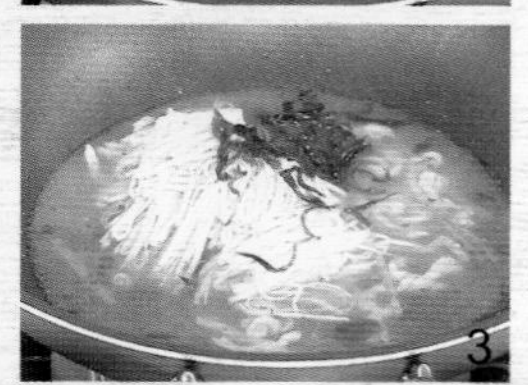
3

4

1 将洗净的豆腐皮卷起，切成丝；洗好的木耳切丝；洗净的瘦肉切薄片，改切丝。

2 热锅注油，倒入姜丝，爆香，放入豆瓣酱，炒匀，注入适量清水。

3 倒入切好的瘦肉丝，放入切好的豆腐皮丝，加入切好的木耳丝，拌匀。

4 加入盐、鸡粉、白糖、陈醋，拌匀，用小火煮2分钟至熟软入味，淋入辣椒油，拌匀，关火后盛出菜肴，放上香菜叶点缀即可。

养生小讲堂

木耳含有多糖和钙、磷、铁等矿物质以及胡萝卜素、B族维生素等营养成分，具有防止血液凝固、减少动脉硬化症、增强抵抗力等作用。

卤汁油豆泡

13 min

〈材 料〉 油豆泡200克，桂皮10克，干辣椒15克，白芝麻20克，葱段、八角、姜片各适量

〈调 料〉 鸡粉2克，生抽6毫升，老抽3毫升，盐3克，食用油适量

/ 做法 /

1 热锅注油烧热，倒入八角、桂皮、葱段、姜片、干辣椒，炒香，加入生抽，注入适量的清水。

2 倒入油豆泡，加入老抽、盐，搅拌调味，盖上盖，大火煮开后转小火煮10分钟。

3 掀开盖，加入白芝麻，拌匀，放入鸡粉，拌匀入味，关火后将油豆泡盛出，装入碗中即可。

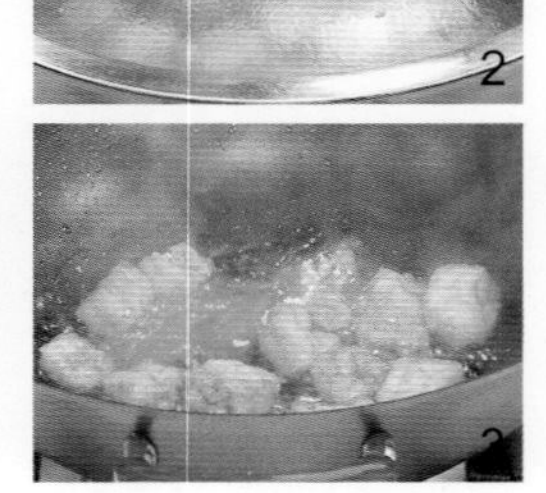

豆腐狮子头 5 min

扫码看视频

〈材 料〉 老豆腐155克，虾仁末60克，猪肉末75克，鸡蛋液60克（1个），去皮马蹄40克，生粉30克，木耳碎40克，葱花、姜末各少许

〈调 料〉 盐、鸡粉各3克，胡椒粉、五香粉各2克，料酒5毫升，芝麻油适量

/ 做法 /

1 马蹄切块，剁碎。

2 洗净的老豆腐装碗，夹碎，放入马蹄碎、虾仁末、猪肉末、木耳碎、葱花和姜末，放入打散的鸡蛋液，加入1克盐、鸡粉、胡椒粉、五香粉、料酒、生粉，拌匀成馅料。

3 用手取适量馅料挤出丸子状，放入沸水锅中，煮约3分钟，掠去浮沫。

4 加入2克盐和鸡粉，关火后淋入芝麻油搅匀，将豆腐狮子头连汤一块装碗即可。

老味厨房

南瓜煮鹰嘴豆

〈材 料〉 鹰嘴豆100克，南瓜100克，薄荷叶适量

〈调 料〉 鸡骨高汤400毫升，盐3克，白胡椒粉少许，鸡粉少许

/ 做法 /

1 将南瓜洗净削皮切成小块。
2 将南瓜块放入沸水锅中，焯熟后捞出，沥干水分。
3 将鸡骨高汤注入烧热的锅中，将鹰嘴豆倒入锅中，搅拌均匀。
4 将南瓜块倒入锅中，拌匀，加盖煮15分钟至熟，揭盖加入盐、白胡椒粉、鸡粉调味，煮约3分钟之后盛出，放上薄荷叶装饰即可。

养生小讲堂

鹰嘴豆含有粗纤维、B族维生素、钙、镁、铁等营养成分，具有养颜、补血、降血糖、降血脂等功效。

意大利蔬菜汤

〈材 料〉 土豆丁、胡萝卜片、黄彩椒、红彩椒、四季豆各80克，洋葱、西红柿各50克，眉豆120克，西芹30克，蔬菜高汤、新鲜薄荷叶、蒜末各适量

〈调 料〉 番茄酱、白胡椒粉、盐、橄榄油各适量

/ 做法 /

1 黄彩椒、红彩椒切丁；洋葱洗净切块；西红柿切丁；西芹切条；四季豆切小段；新鲜薄荷叶洗净。
2 炒锅中倒入橄榄油烧热，下入洋葱块、西芹条、蒜末爆香，倒入土豆丁、胡萝卜丁、黄彩椒丁、红彩椒丁、西红柿丁、四季豆，炒匀。
3 倒入蔬菜高汤、眉豆、番茄酱拌匀，煮25分钟，加入盐、白胡椒粉拌匀，装碗，撒上薄荷叶即可。

盐水煮蚕豆

13 min

〈材 料〉 蚕豆65克，姜片、葱段各少许，八角15克

〈调 料〉 盐5克

/ 做法 /

1 锅中注水烧热，倒入八角、姜片、葱段，放入洗净的蚕豆。
2 撒上适量盐，拌匀。
3 加盖，大火煮10分钟，煮至蚕豆断生并且充分入味。
4 揭盖，将煮好的蚕豆盛入盘中即可。

芸豆赤小豆鲜藕汤

〈材 料〉 莲藕300克，水发赤小豆200克，芸豆200克，姜片少许

〈调 料〉 盐少许

/ 做法 /

1 洗净去皮的莲藕切成块，待用。
2 砂锅注入适量的清水大火烧热。
3 倒入莲藕块、芸豆、赤小豆、姜片，搅拌片刻。
4 盖上锅盖，煮开后转小火煮2个小时至熟软。
5 掀开锅盖，加入少许盐，搅拌片刻。
6 将煮好的食材及汤盛出装入碗中即可。

意式番茄汤 20 min

〈材 料〉 西红柿80克，红彩椒50克，西芹30克，白扁豆100克，蔬菜高汤500毫升，蒜末、香菜叶各少许

〈调 料〉 番茄酱30克，白砂糖10克，黑胡椒粉5克，盐、橄榄油各适量

/ 做法 /

1 红彩椒洗净，去籽切小片；西红柿、西芹均洗净切小片；香菜叶洗净切碎；白扁豆用清水浸泡一会儿。
2 锅置火上，倒入橄榄油烧熟，放入西芹片、蒜末爆香，再放入西红柿片、红彩椒片、番茄酱炒匀，倒入蔬菜高汤。
3 放入白扁豆，煮沸后改小火煮15分钟。
4 加入盐、黑胡椒粉、白砂糖拌匀，略煮，盛入碗中，撒上香菜叶碎即可。

香菇煮鲜笋

〈材 料〉 竹笋90克，水发香菇90克，鸡肉60克，香菜叶少许

〈调 料〉 盐2克，鸡粉2克，芝麻油适量

\养生小讲堂/

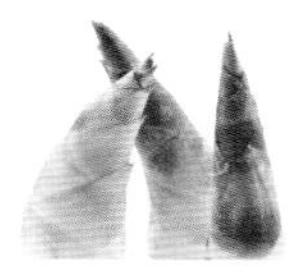

竹笋含有丰富的膳食纤维，可帮助肠道蠕动、消化，能有效防止便秘，消除积食。

/ 做法 /

1 处理好的竹笋切成条。
2 取一个洗净的香菇切十字花刀做装饰，其余切成片；鸡胸肉切成片。
3 锅中注入适量水烧开，倒入竹笋条、水发香菇片、鸡肉片，搅拌一下，大火煮开后转小火煮至熟。
4 加入盐、鸡粉，搅拌片刻至入味，淋上芝麻油，拌匀，将煮好的汤盛出装入碗中，撒上香菜叶即可。

黄蘑鲜汤

〈材 料〉 白玉菇100克，水发竹荪65克，草菇95克，高汤250毫升，水发黄蘑210克，香菜叶25克

〈调 料〉 盐、鸡粉各2克，胡椒粉3克

/ 做法 /

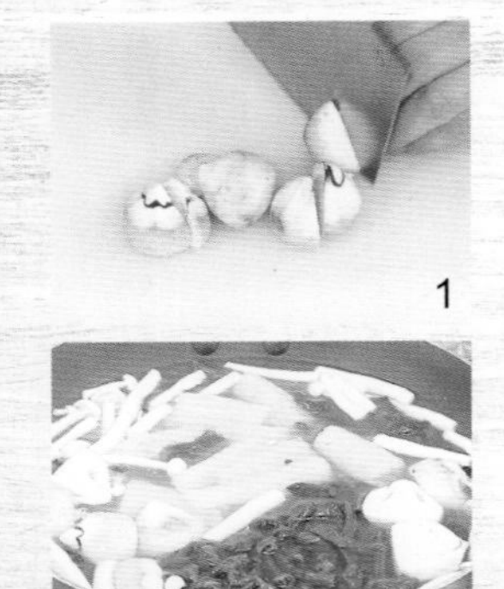

1 将洗净的竹荪切去根部，再切成段；洗净的白玉菇切段；洗净的草菇对半切开；洗净的黄蘑切去根部。

2 锅置于火上，倒入高汤、黄蘑、白玉菇段、草菇块、竹荪段，拌匀，大火煮开后转小火煮10分钟至食材熟透。

3 加入盐、鸡粉、胡椒粉，搅拌片刻至入味。

4 关火后盛出煮好的汤，装入碗中，再放上香菜叶即可。

养生小讲堂

草菇含有维生素C、磷、钾、钙等营养成分，具有益气补血、滋阴壮阳、增强免疫力等功效。

日式时蔬锅

〈材 料〉 南瓜200克，胡萝卜60克，香菇50克，秋葵60克，山药150克，玉米70克，海带汁适量（干海带5克泡入水中一晚就可制得）

〈调 料〉 味醂、酱油、黄砂糖各适量

/ 做法 /

1 南瓜去皮洗净，切块；山药、胡萝卜均去皮切厚片；香菇、秋葵洗净去蒂，玉米洗净切段。

2 用网筛过滤海带汁到锅里，烧开，加入酱油、味醂、黄砂糖调味。

3 放入南瓜块、山药片、胡萝卜片、玉米段，加盖，用小火煮至半软。

4 放入香菇，再次煮滚时放入秋葵，煮至熟透盛出即可。

养生小讲堂

秋葵含有果胶、牛乳聚糖等成分，具有助消化、保护皮肤和胃黏膜的功效，对胃炎和胃溃疡有食疗作用。

姬松茸竹笋汤

12 min

〈材 料〉 竹笋90克，水发姬松茸70克，红枣3颗，口蘑70克，葱花少许

〈调 料〉 盐、鸡粉各2克，芝麻油适量

/ 做法 /

1 处理好的竹笋切成片；洗净的口蘑切成片；泡发好的姬松茸切去蒂，撕成小块。

2 锅中注入清水烧开，倒入竹笋片、口蘑片、姬松茸块，汆煮片刻，去除杂质，捞出，沥干水分。

3 锅中注入适量水烧开，倒入汆好的食材，倒入备好的红枣，搅拌一下，大火煮开后转小火煮10分钟至熟。

4 加入盐、鸡粉，搅拌片刻至入味，淋上芝麻油，搅拌匀，将煮好的食材和汤盛出装入碗中，撒上葱花即可。

养生小讲堂

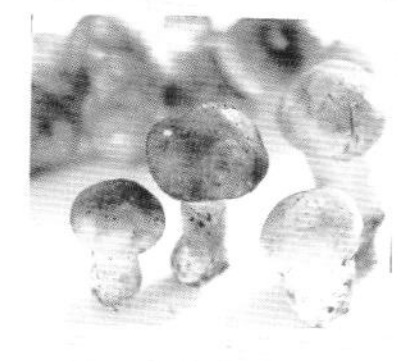

姬松茸含有蛋白质、脂肪、碳水化合物、磷及维生素E等营养成分，具有增强免疫力、降低胆固醇、抗衰老等功效。

竹荪炖黄花菜

22 min

〈材 料〉 猪瘦肉130克，水发黄花菜120克，水发竹荪90克，姜片、花椒各少许

〈调 料〉 盐、鸡粉各2克，料酒4毫升

/ 做法 /

1 将洗净的竹荪切成段；洗好的黄花菜切去根部；洗净的瘦肉切开，再切小块。

2 砂锅中注入适量清水烧开，放入备好的花椒、姜片，倒入瘦肉块，再放入切好的黄花菜、竹荪段。

3 淋入少许料酒，搅拌匀，去除腥味，煮沸后盖上锅盖，用小火炖煮约20分钟，至食材熟透。

4 揭开锅盖，加入少许盐、鸡粉，拌匀调味，再转大火略煮片刻，至汤汁入味，关火后盛出炖好的汤料，装入汤碗中即成。

\养生小讲堂/

黄花菜含有硫氨酸、烟酸及钙、磷、铁等营养成分，能显著降低血清胆固醇含量，有利于稳定血压。

鲜蔬煮粉丝

5 min

〈材 料〉 水发粉丝200克，荷兰豆100克，虾仁60克，葱段10克，香菜碎、红椒圈各少许

〈调 料〉 盐2克，鸡粉2克，食用油适量

/ 做法 /

1 锅中注入适量清水烧开，倒入适量食用油，放入荷兰豆，搅拌一下，煮2分钟。
2 再放入水发粉丝，加入虾仁、葱段，搅拌均匀。
3 加入盐、鸡粉，搅拌片刻至入味。
4 将煮好的食材和汤盛出装入碗中，撒上香菜碎和红椒圈即可。

CHAPTER

04 河海鲜炖煮菜肴

海鲜料理，最为重要的是一个“鲜”字，
为了保证“鲜”，原汁原味的炖煮无疑是最好的烹饪方式，
“咕噜咕噜”炖的声音，河海鲜隐现其间翻滚着，
收缩、舒张、卷曲、开合，
从生到熟的整个过程，让人食欲大增！

萝卜丝炖鲫鱼

14 min

扫码看视频

〈材 料〉 鲫鱼250克，去皮白萝卜200克，金华火腿20克，枸杞15克，姜片、香菜叶各少许

〈调 料〉 盐6克，鸡粉、白胡椒粉各3克，料酒10毫升，食用油适量

/ 做法 /

1 白萝卜切成薄片，改切成丝；备好的火腿切成薄片，改切成丝；洗净的鲫鱼两面打上一字花刀。

2 往鲫鱼两面抹上适量盐，淋上料酒，抹匀，腌渍10分钟。

3 热锅注油烧热，倒入鲫鱼，放入姜片，爆香，注入500毫升的清水，倒入火腿丝、白萝卜丝，拌匀，炖8分钟。

4 加入盐、鸡粉、白胡椒粉，充分拌匀入味，关火后捞出煮好的鲫鱼，淋上汤汁，点缀上枸杞、香菜叶即可。

养生小讲堂

鲫鱼含有蛋白质、矿物质、脂肪、维生素等成分，具有增强免疫力、补脾补虚等功效。

香辣水煮鱼 12 min

〈材 料〉 净草鱼850克，绿豆芽100克，干辣椒30克，蛋清10克，花椒15克，姜片、蒜末、葱段各少许

〈调 料〉 豆瓣酱15克，盐、鸡粉各少许，料酒3毫升，生粉、食用油各适量

/ 做法 /

1 将处理干净的草鱼取鱼骨，切大块；取鱼肉，切片，用盐、蛋清、生粉腌渍。

2 锅中注油烧热，倒入鱼骨块，炸香后捞出；用油起锅，爆香姜片、蒜末、葱段，加入豆瓣酱、鱼骨块、开水、鸡粉、料酒、绿豆芽，煮至断生，捞出食材，装入汤碗中。

3 锅中留汤汁煮沸，放入鱼肉片，煮熟后盛出，连汤汁一起倒入汤碗中；用油起锅，爆香干辣椒、花椒，盛入汤碗中即成。

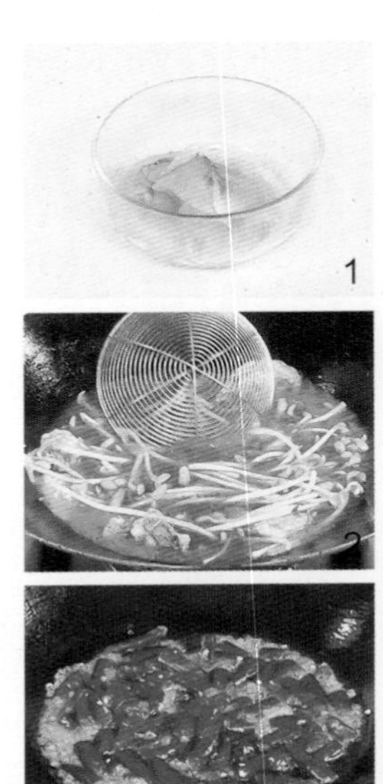

酸菜鱼

10 min

〈材 料〉 草鱼500克，酸菜200克，姜片、泡小米椒2克，葱段13克，珠子椒60克，香菜叶2克，白芝麻少许，花椒2克，蛋清、生粉各10克，葱花、蒜末、香菜叶各适量

〈调 料〉 盐3克，胡椒粉6克，料酒5毫升，米醋10毫升，白糖、食用油各适量

/ 做法 /

1 泡小米椒切成段；洗好的酸菜切段。

2 鱼身对半片开；鱼骨与鱼肉分离，鱼骨斩成段；片开鱼腩骨，切段；鱼肉切薄片，用盐、料酒、蛋清、生粉腌渍3分钟。

3 热锅注油，爆香姜片，放入鱼骨段、泡小米椒、葱段、酸菜段、清水、珠子椒，煮3分钟，盛出鱼骨段和酸菜段，鱼片放入锅中，放入盐、白糖、胡椒粉、米醋，煮熟捞入碗中，加入蒜末、花椒、白芝麻、香菜叶即可。

老味厨房

啤酒炖草鱼

〈材 料〉 圣女果90克，青椒75克，草鱼肉1000克，啤酒200毫升，蒜片、姜片各少许

〈调 料〉 盐3克，鸡粉3克，白糖3克，料酒10毫升，生抽10毫升，水淀粉10毫升，胡椒粉少许，葵花籽油适量

/ 做法 /

1 将洗净的圣女果对半切瓣；洗净的青椒切圈；处理好的草鱼肉切块。

2 取一空碗，放入草鱼肉块，加少许盐、料酒、胡椒粉，拌匀，腌渍10分钟。

3 锅置火上，放入适量葵花籽油，烧热，放入草鱼肉块，煎出焦香味，放入姜片、蒜片，爆香，将鱼块翻面，煎至焦黄色。

4 加入料酒、生抽、啤酒、盐，拌匀煮沸，用中火煮5分钟，放入青椒圈、鸡粉、白糖、圣女果瓣，再煮2分钟，倒入水淀粉勾芡，拌匀后盛出装盘即可。

养生小讲堂

葵花籽油含有亚油酸、维生素E，植物固醇、磷脂等营养成分，能调节新陈代谢、降低血液中胆固醇含量。

鲇鱼炖豆腐

〈材 料〉 鲇鱼150克，豆腐200克，洋葱 80克，泡小米椒30克，香菜15克，干辣椒适量，姜片、蒜末、葱段各少许

〈调 料〉 盐、鸡粉各2克，料酒8毫升，生粉15克，生抽4毫升，豆瓣酱5克，水淀粉、芝麻油、食用油各适量

/ 做法 /

1 将泡小米椒切碎；洋葱切成小块；香菜切段；豆腐切小方块；鲇鱼用生抽、盐、鸡粉、料酒、生粉腌渍10分钟。

2 锅中注水烧开，放入豆腐块、盐，煮1分钟，捞出；用油起锅，放入鲇鱼，炸至焦黄色，捞出；锅底留油，爆香干辣椒、姜片、蒜末、葱段，倒入洋葱块、泡小米椒碎。

3 放入豆腐块、水、豆瓣酱、生抽、盐、鸡粉，炒匀，再倒入鲇鱼、水淀粉、芝麻油，煮约1分钟，装盘，放上香菜段即可。

1

2

3

铁锅炖鱼

17 min

〈材 料〉 鲤鱼600克，黄豆酱30克，干辣椒20克，肥肉50克，蒜头30克，八角、葱段、姜片各少许

〈调 料〉 鸡粉2克，水淀粉4毫升，白糖2克，陈醋5毫升，生抽5毫升，料酒10毫升，盐3克，食用油适量

/ 做法 /

1 处理好的蒜头用刀拍扁；备好的肥肉切成小块；处理干净的鲤鱼两面打上十字花刀，两面抹上盐、料酒，腌渍10分钟。

2 用油起锅，放入鲤鱼，煎至微黄，盛出；用油起锅，爆香肥肉块、八角、蒜头、干辣椒、葱段、姜片，放入黄豆酱、清水、生抽、鲤鱼、盐，拌匀，大火炖10分钟。

3 加入鸡粉、白糖、陈醋，续炖5分钟，捞出鲤鱼，汤汁中再放入水淀粉勾芡，浇在鲤鱼身上即可。

清炖鲤鱼

〈材 料〉 鲤鱼500克，方火腿80克，冬笋40克，香菇25克，姜片、葱段、香菜叶各少许

〈调 料〉 盐2克，鸡粉2克，白胡椒适量

/ 做法 /

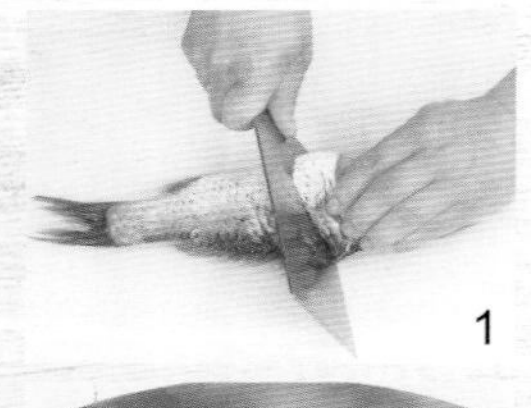
1

2

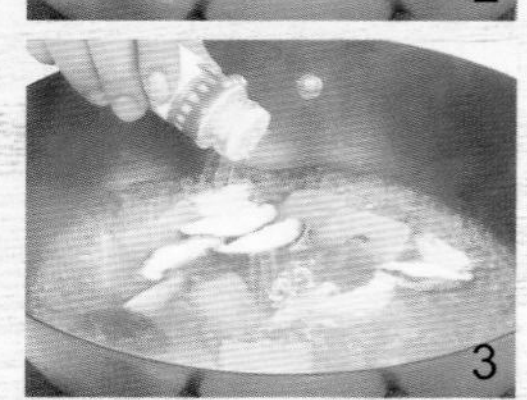
3

4

1 备好的方火腿切成片；处理好的冬笋切成片；洗净的香菇去蒂，切成片。

2 处理好的鲤鱼切去鱼头，斜刀将鱼身切成段，摆入盘中。

3 锅中注入适量的清水烧开，放入姜片、葱段、冬笋片、香菇片，再加入方火腿片，拌匀至煮沸，放入鲤鱼，炖煮8分钟。

4 加入盐、鸡粉、白胡椒粉，搅拌调味，盛入盘中，撒上香菜叶即可。

养生小讲堂

鲤鱼含有蛋白质、脂肪、胱氨酸、组氨酸、谷氨酸、甘氨酸等成分，具有补脾健胃、利水消肿、通乳、清热解毒等功效。

冬瓜炖鲤鱼

13 min

〈材 料〉 鲤鱼350克，去皮冬瓜300克，香葱1根，黄酒5毫升，姜片、大葱段各少许

〈调 料〉 盐3克，胡椒粉2克，料酒10毫升，食用油适量

/ 做法 /

1 冬瓜去瓤，切片；洗净的香葱切粒；处理干净的鲤鱼两面各切上几道一字花刀。
2 将鲤鱼装盘，两面各撒上1克盐，抹匀，两面各淋上5毫升料酒，腌渍10分钟。
3 用油起锅，放入腌好的鲤鱼，煎约1分钟，中途需翻面，放入大葱段、姜片、清水。
4 放入黄酒、冬瓜片，搅匀，煮开后续煮8分钟，加入1克盐、胡椒粉，搅匀调味，关火后盛出，撒上香葱粒即可。

陈煮鱼

16 min

/ 做法 /

《材 料》 鲳鱼块750克，去皮白萝卜200克，葱段、姜片、香菜叶各少许

《调 料》 鸡粉3克，盐5克，白胡椒粉6克，料酒5毫升，食用油适量

1 白萝卜切成薄片，改切成丝。
2 将洗净的鲳鱼块倒入碗中，放上盐、料酒、白胡椒粉，腌渍10分钟。
3 热锅注油烧热，倒入鲳鱼块，煎至微黄色，放入葱段、姜片，爆香，注入500毫升的清水拌匀，倒入白萝卜丝，大火煮开后转小火煮10分钟。
4 加入盐、鸡粉、白胡椒粉，拌匀，关火后盛入碗中，撒上香菜叶即可。

鱼丸豆苗汤

6 min

《材 料》 鱼丸75克，豆苗55克，葱花少许

《调 料》 盐、鸡粉、胡椒粉各少许，芝麻油5毫升

/ 做法 /

1 洗净的鱼丸对半切开，打上十字花刀，待用。
2 砂锅注水煮开，倒入鱼丸，调大火煮约5分钟。
3 往锅中倒入洗净的豆苗，拌匀。
4 加入盐、鸡粉、胡椒粉、芝麻油，拌匀至入味，关火后将煮好的食材盛入碗中，撒上葱花即可。

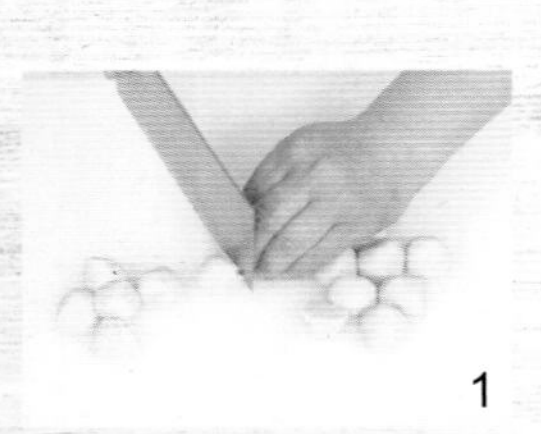
1

2

3

4

\养生小讲堂/

豆苗，其叶柔嫩、滑润爽口，并且营养丰富，能使肌肤清爽不油腻，有美肤的作用。

奶油鲑鱼汤

20 min

〈材 料〉 鲑鱼300克，土豆150克，胡萝卜100克，洋葱20克，鱼骨高汤800毫升，新鲜莳萝草少许

〈调 料〉 淡奶油60毫升，盐、橄榄油各适量

/ 做法 /

1 鲑鱼肉洗净切大块；土豆去皮，洗净切块；胡萝卜去皮，洗净切丁；洋葱洗净切圈；新鲜莳萝草洗净切碎。
2 汤锅置火上，倒入鱼骨高汤，煮沸，放入鲑鱼肉块、土豆块、胡萝卜丁，改小火煮15分钟至食材熟透。
3 加入淡奶油、盐，倒入橄榄油拌匀，再放入洋葱圈，略煮3分钟至汤汁入味。
4 将奶油鲑鱼汤盛入碗中，撒上新鲜莳萝草碎即可。

土豆炖鲑鱼

〈材 料〉 鲑鱼300克，土豆150克，胡萝卜80克，红椒50克，鱼骨高汤800毫升，干迷迭香碎、薄荷叶各少许

〈调 料〉 盐、橄榄油各适量

/ 做法 /

1 鲑鱼洗净切大块；土豆去皮，洗净切块；胡萝卜去皮，洗净切圆片；红椒洗净切成块。
2 汤锅置火上，倒入鱼骨高汤，煮沸，放入鲑鱼块、土豆块、胡萝卜片、红椒块，改小火煮10分钟至食材熟透。
3 加入盐，倒入橄榄油拌匀，放入干迷迭香碎，略煮3分钟至汤汁入味，将煮好的食材盛入碗中，撒上薄荷叶即可。

银鳕鱼清汤

〈材 料〉 银鳕鱼200克，土豆、黄瓜各80克，樱桃萝卜50克，西芹30克，熟鸡蛋1个，鱼骨高汤500克，葱花、新鲜莳萝草各少许

〈调 料〉 酱油3克，盐、橄榄油各适量

/ 做法 /

1 银鳕鱼冶净斩大块；土豆去皮，洗净切丁；黄瓜洗净切块；樱桃萝卜洗净切片；西芹、莳萝草均洗净切碎；熟鸡蛋去壳切片。
2 将鱼骨高汤倒入汤锅中煮沸，倒入银鳕鱼、土豆丁、黄瓜块、樱桃萝卜片，淋入橄榄油，小火煮10分钟。
3 加入酱油、盐，拌匀调味，续煮2分钟至入味后，放入西芹碎和葱花拌匀，盛出装碗，放上熟鸡蛋片、莳萝草碎即可。

养生小讲堂

银鳕鱼肉含有球蛋白、白蛋白及含磷的核蛋白，并含有幼儿发育所必需的各种氨基酸，极易消化吸收。

普罗旺斯海鲜汤

〈材 料〉 虾仁50克，鱿鱼100克，章鱼80克，鱼骨高汤150毫升，土豆75克，白萝卜85克，西芹25克，红辣椒20克，新鲜莳萝草少许

〈调 料〉 白胡椒粉3克，白葡萄酒20毫升，盐、橄榄油各适量

/ 做法 /

1 章鱼去头部；鱿鱼洗净去膜，去头部和须部，切圈；虾仁洗净。

2 土豆、白萝卜去皮切块；西芹洗净切丁；红辣椒洗净切成末；新鲜莳萝草切碎。

3 锅中注入橄榄油烧热，倒入虾仁、鱿鱼圈、章鱼，加入土豆块、白萝卜块、西芹丁、红辣椒末，拌匀，倒入鱼骨高汤、白葡萄酒，续煮12分钟，加入盐、白胡椒粉拌匀，盛出，撒上莳萝草碎即可。

\养生小讲堂/

鱿鱼富含蛋白质、氨基酸、硒、碘、锰、铜等微量元素。补硒有利于改善糖尿病患者的各种症状。

老味厨房

南瓜炖海鲜

20 min

〈材 料〉 黄色小南瓜300克，虾仁200克，红蛤150克，墨鱼200克，西蓝花150克，胡萝卜30克，洋葱50克，蒜泥10克，白酱适量

〈调 料〉 橄榄油、盐各适量

/ 做法 /

1 南瓜洗净入微波炉加热3分钟后取出，将南瓜做成放置食材的碗。
2 墨鱼洗净切片；虾仁、红蛤均洗净；胡萝卜、洋葱均洗净切丁；西蓝花洗净切小朵。
3 锅中放入橄榄油烧热，加入蒜泥、洋葱丁、墨鱼片、虾仁、红蛤、胡萝卜丁、西蓝花朵、盐，拌炒匀，放入适量清水，煮至食材熟透。
4 将煮好的食材填入南瓜碗中，拌入白酱，放入锅中隔水炖至食材入味即可。

养生小讲堂

白洋葱含有一种叫硒的抗氧化剂，能让癌症发生率大大下降。它还具有抗糖尿病作用，而且还能推迟细胞的衰老，使人延年益寿。

墨鱼花炖肉

20 min

〈材 料〉 五花肉150克，墨鱼150克，八角2个，姜片、葱段各少许

〈调 料〉 盐、鸡粉各3克，水淀粉、料酒、生抽各5毫升，食用油适量

/ 做法 /

1 2

1 处理好的墨鱼须切成小段；墨鱼身体表面划十字花刀，再切成小块；五花肉切成片。

2 沸水锅中倒入墨鱼，汆煮至转色，捞出，沥干水待用。

3

3 热锅注油烧热，倒入五花肉片，炒至稍微转色，倒入八角、葱段、姜片爆香，加入料酒、生抽，炒入味。

4

4 注入400毫升的清水，加入盐，拌匀，大火煮开，转小火煮5分钟，放入墨鱼、鸡粉，再次注入50毫升的清水，加入水淀粉，拌匀至入味，盛入盘中即可。

养生小讲堂

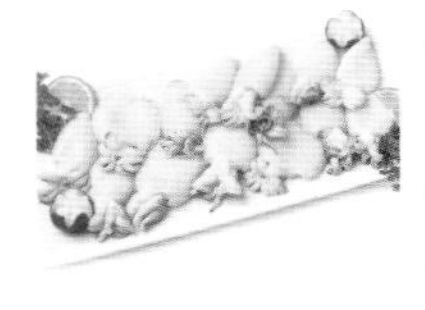

墨鱼是一种高蛋白低脂肪的滋补食品，含有维生素A、B族维生素以及钙、磷、铁等营养素，具有养血、催乳、补脾、益肾、调经等功效。

海鲜椰子油辣汤

〈材 料〉 墨鱼150克，秋刀鱼130克，豆腐100克，韩国泡菜90克，香菇50克，高汤500毫升，朝天椒1个，蒜末少许，韩式辣椒酱10克

〈调 料〉 椰子油5毫升，盐2克

/ 做法 /

1 处理好的秋刀鱼切去头，切成段，去掉尾部；处理好的墨鱼切段；洗净的香菇切去柄，改切成块；洗净的豆腐切成块；洗净的朝天椒去柄，切圈。

2 热锅注入高汤，煮沸，加入墨鱼段、秋刀鱼段、豆腐块、韩国泡菜、香菇块、朝天椒圈、蒜末，拌匀，再次煮开后转小火煮8分钟。

3 倒入韩式辣椒酱，加入盐，淋上椰子油，充分拌匀入味，关火后盛入碗中即可。

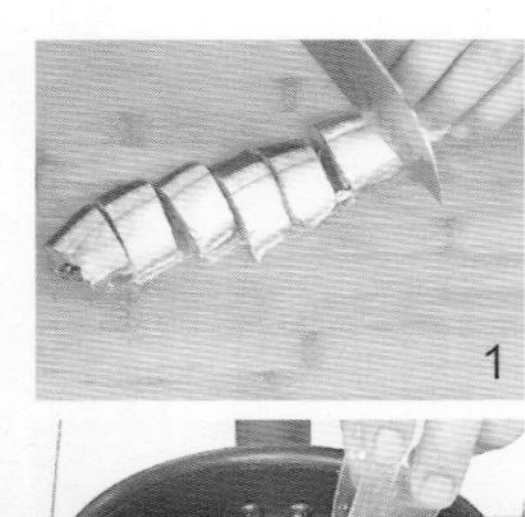

西红柿海鲜红咖喱

〈材 料〉 基围虾250克，西红柿200克，红彩椒80克，洋葱120克，大蒜2瓣，小茴香籽、咖喱粉、辣椒粉各3克

〈调 料〉 盐、黑胡椒粉各2克，椰子油6毫升

/ 做法 /

1 西红柿切滚刀块；红彩椒切块；洋葱切小块；蒜头切片；基围虾去头，去壳。

2 锅中放入3毫升椰子油烧热，放入小茴香籽、蒜片、洋葱块，炒2分钟至微软，盛出。

3 洗净的锅置火上，倒入剩余椰子油烧热，倒入基围虾、西红柿块、红彩椒块、洋葱块等食材，注入约200毫升清水，煮沸，再加入咖喱粉、辣椒粉、盐、黑胡椒粉，搅匀调味，煮约2分钟，关火后盛出菜肴即可。

泰式酸辣虾汤

〈材 料〉 基围虾4只（80克），西红柿150克，去皮冬笋120克，茶树菇60克，去皮红薯60克，牛奶100毫升，香菜叶少许，朝天椒1个，泰式酸辣酱30克

〈调 料〉 椰子油5毫升，盐2克，黑胡椒粉3克

/ 做法 /

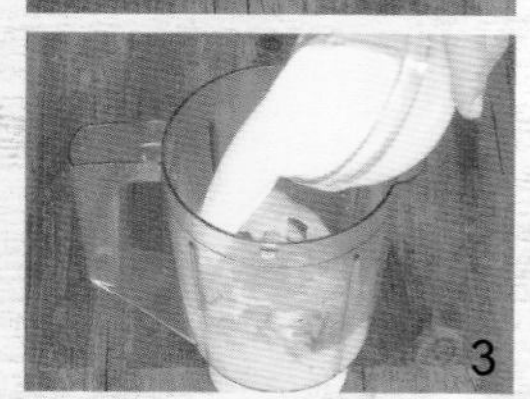

1 洗净的茶树菇切去根部，改切成小段；冬笋切成小块；洗净的西红柿去蒂，改切成块；洗净的朝天椒切去柄部，改切成圈；红薯切成丁。

2 沸水锅中倒入红薯丁，焯煮片刻至断生，捞出，装入碗中，将焯煮红薯丁的汤水同样盛入碗中。

3 榨汁杯中加入红薯丁、牛奶、泰式酸辣酱、盐、红薯丁汤水，榨取汁水。

4 沸水锅中倒入基围虾，加入茶树菇段、冬笋块、西红柿块、朝天椒圈、盐，煮开后转小火煮8分钟，将榨好的汁倒入锅中，加入黑胡椒粉、椰子油，拌匀入味，盛入碗中，放上香菜叶即可。

\养生小讲堂/

茶树菇含有膳食纤维、钾、钠、磷及维生素E等营养成分，具有增强免疫力、降低胆固醇、抵抗衰老等功效。

咸香基围虾串

〈材 料〉 基围虾500克，粤式白卤水1000毫升，竹签适量

〈调 料〉 芝麻油适量

/ 做法 /

1 用竹签将洗净处理好的基围虾穿成串，待用。
2 将粤式白卤水倒入锅中，开大火，煮至沸腾。
3 将虾串放入锅中，用大火煮至熟。
4 关火后将煮好的虾串取出，装入盘中，浇上粤式白卤水，淋上适量芝麻油即可。

养生小讲堂

虾具有增强免疫力、养血固精等功效。另外，虾中还含有三种重要的脂肪酸，能使人长时间保持精力集中。

鲜虾浓汤

35 min

养生小讲堂

姜具有补虚、健胃、抗衰老等功效，很适合用来改善食欲不振的症状。

《材 料》 新鲜大虾150克，草菇80克，姜30克，香茅草10克，红辣椒15克，欧芹少许

《调 料》 冬阴功酱10克，白砂糖8克，鱼露5毫升，椰奶50毫升，青柠檬汁15毫升，橄榄油，盐各适量

/ 做法 /

1 将大虾洗净去壳，剔去虾线；草菇洗净，去蒂，对半切开；姜洗净，切片；香茅草、欧芹分别洗净，切碎。
2 炒锅注入橄榄油烧热，放入大虾，略炒片刻，至虾身卷起呈粉红色状。
3 取汤锅，置于火炉上，注入清水，放入香茅草碎、姜片，煮沸。
4 放入草菇、大虾、红辣椒、冬阴功酱、鱼露、青柠檬汁、盐、白砂糖拌匀，煮30分钟，倒入椰奶拌匀，盛出，撒入欧芹碎即可。

白灼虾

6 min

〈材 料〉 鲜虾250克，香葱1根，姜片5克，小红辣椒4克，蒜末4克，葱花4克，姜末4克

〈调 料〉 盐2克，料酒、生抽各5毫升，食用油适量

/ 做法 /

1 锅中注入适量清水烧开，放入姜片，加入洗净的香葱，淋入料酒，煮约2分钟成姜葱水。

2 加入盐，放入洗净的鲜虾，煮约2分钟至虾转色熟透，关火后捞出煮熟的虾，泡入凉水中浸泡一会儿以降温。

3 备好一个空碗，放入小红辣椒、蒜末、葱花、姜末、盐、生抽、食用油，搅拌均匀成酱料。

4 将虾围盘摆好，浇上拌好的酱料即可。

\养生小讲堂/

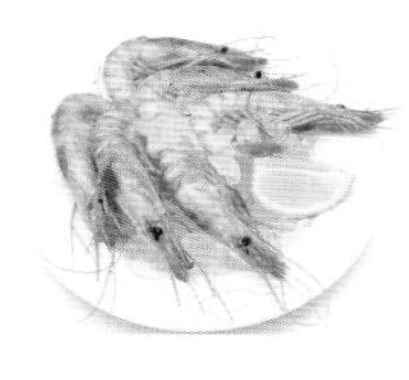

虾肉不仅鲜美，营养价值也很高，具有增强免疫力、缓解神经衰弱、保护心脏和视力等作用。

柠檬鲜虾

8 min

〈材 料〉 鲜虾300克，柠檬片50克，芫荽叶适量，蒜蓉适量

〈调 料〉 柠檬汁10毫升，蜂蜜15克，盐3克，橄榄油适量，料酒10毫升

/ 做法 /

1 将鲜虾洗净，去头，将虾开背切开，挑去虾线，装碗。
2 将芫荽叶洗净切成末待用。
3 将盐、蜂蜜、柠檬汁、橄榄油、料酒、蒜蓉放入虾碗中，拌匀腌制30分钟至入味。
4 锅中注水烧开，放入腌渍好的虾，煮至熟透，捞出，沥干水分。
5 将虾装入碗中，撒上适量芫荽末，放上柠檬片装饰即成。

鲜蔬煮海鲜

〈材 料〉 鳕鱼130克，虾250克，青口贝150克，黄瓜丁、胡萝卜丁、蒜末各少许

〈调 料〉 盐2克，韩式辣椒酱10克，食用油适量

/ 做法 /

1 处理好的鳕鱼切成块；青口贝洗净，处理好。
2 虾去虾线、去壳，取虾仁。
3 锅中注油烧热，爆香蒜末，放入虾仁、鳕鱼块、青口贝，炒匀至转色。
4 加入黄瓜丁、胡萝卜丁，注入清水，小火煮8分钟。
5 倒入韩式辣椒酱，加入盐，充分拌匀入味，盛入碗中即可。

麻辣水煮蛤蜊

〈材 料〉 花蛤蜊500克，豆芽200克，黄瓜200克，芦笋5根，青椒30克，红椒30克，去皮竹笋100克，辣椒粉5克，干辣椒5克，花椒8克，香菜5克，豆瓣酱、姜片、葱段、蒜片各少许

〈调 料〉 鸡粉3克，生抽、料酒、食用油各适量

/ 做法 /

1 红椒、青椒均切圈；香菜洗净，梗切段；竹笋、黄瓜均切片；芦笋切段；用油起锅，爆香蒜片、姜片、花椒、干辣椒、豆瓣酱、辣椒粉，炒匀。

2 再注入清水烧开，加入蛤蜊、鸡粉、生抽、料酒，煮沸后捞出蛤蜊，分别将竹笋片、豆芽、黄瓜片、芦笋段倒入锅内，煮熟捞出。

3 取一碗，放入豆芽、黄瓜片、竹笋片、芦笋段、蛤蜊、青椒圈、红椒圈、汤汁、香菜段、葱段、辣椒粉，用油起锅，倒入剩下的花椒、干辣椒，制成花椒油，淋入碗中，放上香菜叶即可。

白萝卜蛤蜊椰子油汤

〈材 料〉 去皮白萝卜300克，蛤蜊250克，葱花适量

〈调 料〉 盐、黑胡椒粉各2克，椰子油3毫升

/ 做法 /

1 白萝卜对半切开，切片。
2 锅置火上，放入适量清水，倒入切好的白萝卜片。
3 待煮开后转小火续煮15分钟至熟软。
4 转大火，放入处理干净的蛤蜊，搅匀。
5 煮约2分钟至蛤蜊开口，掠去浮沫。
6 加入椰子油、盐、黑胡椒粉，搅匀调味，关火后盛出汤品，装碗，撒上葱花即可。

亚洲风味蛤仔芹菜

8 min

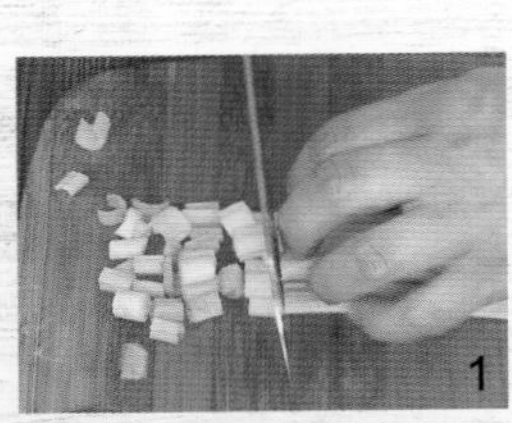
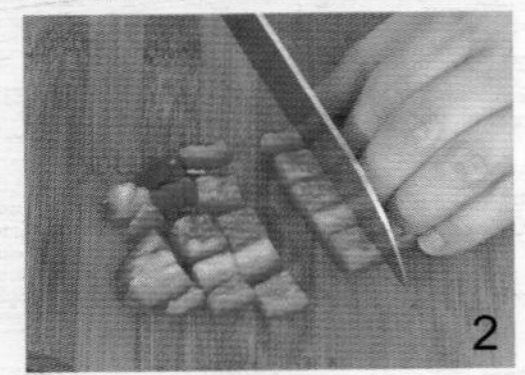

〈材 料〉 蛤蜊200克，芹菜60克，红彩椒60克，高汤100毫升，香菜叶适量

〈调 料〉 黑胡椒粉2克，椰子油4毫升，柠檬汁、鱼酱各适量，盐少许

/ 做法 /

1 择洗好的芹菜切成小粒。
2 洗净去籽的红彩椒切条，切成丁，待用。
3 热锅倒入椰子油烧热，加入适量清水，倒入高汤、柠檬汁、鱼酱，搅拌匀，煮沸，加入蛤蜊、芹菜粒、红彩椒丁，拌匀，煮至蛤蜊开口。
4 加入少许盐，搅拌调味，关火后将煮好的汤盛入碗中，再撒上黑胡椒粉、香菜叶即可。

养生小讲堂

芹菜含有胡萝卜素、B族维生素、钙、磷等成分，具有降低血压、润肠通便等功效。

蛤蜊蔬菜爽口咖喱

〈材 料〉 蛤蜊100克，四季豆60克，小南瓜200克，西红柿1个（200克），红彩椒半个（100克），白洋葱150克，茄子100克，蒜末、姜末各少许，咖喱露50克

〈调 料〉 七味粉5克，盐2克，椰子油6毫升

/ 做法 /

1 白洋葱切丝；西红柿去蒂，切丁；茄子切滚刀块；红彩椒去籽，切丁；小南瓜切片；洗好的四季豆去尖部，切成两段。

2 锅置火上，倒入椰子油烧热，倒入姜末、蒜末、白洋葱丝、红彩椒丁、四季豆段、小南瓜片、茄子块、西红柿丁炒匀，注入清水，放入咖喱露拌匀，煮5分钟。

3 放入蛤蜊，搅匀，续煮2分钟，放入盐、七味粉，搅匀调味，关火后盛出即可。

1

2

3

蛤蜊椰子油汤

15 min

〈材 料〉 蛤蜊300克，洋葱150克，去皮胡萝卜120克，去皮土豆150克，豆浆200毫升，奶酪15克

〈调 料〉 盐、胡椒粉各2克，椰子油3毫升

/ 做法 /

1 洋葱切块；胡萝卜切丁；土豆切丁；锅中注水烧开，放入一半土豆丁，煮熟捞出。
2 锅中注水烧开，放入蛤蜊，煮至开口捞出，放凉水中浸凉；煮过蛤蜊的水装碗。
3 炒锅置火上，倒入椰子油、洋葱块、胡萝卜丁、剩余土豆丁炒匀，倒入煮过蛤蜊的水煮沸，倒入豆浆，煮5分钟。
4 煮熟的土豆丁与汤汁一起放入榨汁机榨成土豆浓汤，倒入炒锅中，放入奶酪、蛤蜊、盐、胡椒粉搅匀，关火后盛出即可。

鲜蟹银丝煲 10 min

〈材 料〉 花蟹100克，水发粉丝100克，葱花、姜片各少许

〈调 料〉 盐、胡椒粉各2克，鸡粉1克

养生小讲堂

螃蟹含维生素D、钙、磷、钾、钠等营养成分，具有滋阴养血、滋补解毒的作用。

/ 做法 /

1 砂锅中注入适量清水烧开，放入处理干净的花蟹。
2 加入姜片，煮约半分钟至沸腾，放入泡好的粉丝，用小火焖5分钟至食材熟软。
3 放入盐、鸡粉、胡椒粉，搅匀调味。
4 关火后端出砂锅，撒上葱花即可。

CHAPTER

05 锦上添花的配菜

大鱼大肉的炖菜是否已经让你的胃不堪重负呢?
一道道绿意盈盈的鲜蔬瓜果，令人神清气爽，
样样新鲜娇嫩，浮动着春天的气息，
分外诱人，顿觉春意盎然!

法国小酒馆风格沙拉

〈材 料〉 芝麻菜100克，咸肉30克，鸡蛋1个

〈调 料〉 橄榄油适量

/ 做法 /

1 将芝麻菜洗净；洗净的咸肉切成丁。
2 锅中注入适量橄榄油，大火烧热，放入咸肉丁，煎至其呈焦黄色，盛出待用。
3 锅中注入适量清水烧开，用筷子旋转出漩涡，快速打入鸡蛋，煮至表面蛋白凝固，捞出待用。
4 取一个盘子，放入洗净的芝麻菜，撒上咸肉丁，放上煮好的鸡蛋即可。

甜菜沙拉

5 min

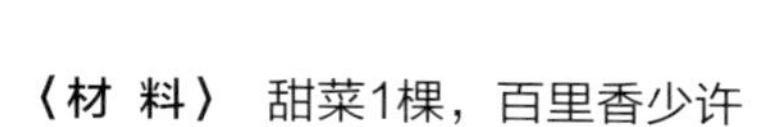

〈材 料〉 甜菜1棵，百里香少许

〈调 料〉 白葡萄酒醋适量，白糖少许

养生小讲堂

甜菜中的纤维素可促进肠道消化蠕动，缓解便秘，有助于提高食欲。

/ 做法 /

1 锅中注入适量的水，将洗净的甜菜、百里香放入锅中，大火煮3分钟，至甜菜熟透。

2 将甜菜捞出，放置一旁冷却，擦干甜菜表面的水分，用刀削掉表皮，再切成厚片。

3 将甜菜片放入碗中，淋入适量的白葡萄酒醋，加入少许白糖，拌匀即可。

卷心菜沙拉

〈材 料〉 卷心菜150克，胡萝卜50克，白皮洋葱50克

〈调 料〉 橄榄油10毫升，起司20克，醋酸沙司适量，盐少许，胡椒粉适量

/ 做法 /

1 将卷心菜洗净切成丝；胡萝卜切成细丝状；起司、洋葱均切碎。
2 锅中注入适量清水烧开，放入卷心菜丝和胡萝卜丝，焯熟后捞出。
3 将卷心菜丝、胡萝卜丝、洋葱碎放入碗内，加入起司和醋酸沙司拌匀，装入碗内。
4 在卷心菜丝等食材上倒入橄榄油，撒上胡椒粉和盐，拌匀食用即可。

\养生小讲堂/

卷心菜富含钾元素，多吃含钾丰富的食物可以排出我们体内多余的钠盐，防止水肿，减少对肾脏的负担。

孢子甘蓝沙拉

6 min

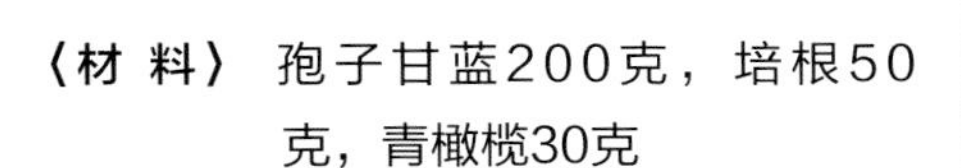

〈材 料〉 孢子甘蓝200克，培根50克，青橄榄30克

〈调 料〉 橄榄油10毫升，盐适量

/ 做法 /

1 青橄榄去核，切成小块；培根切成小块。
2 锅中注入适量清水烧开，放入盐、橄榄油和孢子甘蓝，焯熟后捞出，装入盘中。
3 锅中注入橄榄油烧热，放入培根和青橄榄块，煎至熟透，盛入装有孢子甘蓝的盘子中，拌匀食用即可。

养生小讲堂

孢子甘蓝味甘，性凉，有补肾壮骨、健胃通络的功效，对于久病体虚、食欲不振、胃部疾患等症有辅助食疗作用。

清煮鲜蔬

8 min

〈材 料〉 孢子甘蓝200克，青豆50克，胡萝卜100克，豆角80克

〈调 料〉 橄榄油10毫升，盐适量

/ 做法 /

1 孢子甘蓝洗净，对半切开。
2 胡萝卜洗净，去皮后切成波纹型的片。
3 豆角洗净，切成段。
4 锅中注入适量清水烧开，放入盐、橄榄油，搅拌均匀。
5 放入青豆、胡萝卜片，煮片刻。
6 再放入豆角段、孢子甘蓝，煮至食材熟透，捞出，沥干水分，装入盘中即可。

清炒时蔬 

〈材 料〉 西蓝花100克，胡萝卜30克，荷兰豆50克，芥蓝70克，豌豆20克，蒜末、白芝麻各少许

〈调 料〉 盐、鸡粉各2克，食用油适量

/ 做法 /

1 芥蓝洗净斜刀切片；胡萝卜洗净去皮，切丝；西蓝花洗净切成小朵。
2 锅中注入适量清水，倒入少许盐、食用油，放入荷兰豆、西蓝花朵、豌豆、胡萝卜丝、芥蓝片，焯煮1分钟，捞出。
3 锅中注入适量食用油，倒入蒜末爆香，放入焯煮好的食材，翻炒片刻，加入盐、鸡粉炒匀调味，盛出，撒上白芝麻即可。

鲜蔬烩茄子

5 min

〈材 料〉 茄子200克，黄瓜100克，白洋葱100克，红椒、蒜末各少许

〈调 料〉 盐2克，鸡粉2克，食用油适量

/ 做法 /

1 将茄子洗净，切丁；将黄瓜洗净，切丁；将红椒洗净，切成块；白洋葱洗净，切成圈。
2 锅内注油烧热，放入红椒块、蒜末，爆香，再放入茄子丁、黄瓜丁、白洋葱圈，炒至熟软。
3 放入盐、鸡粉，炒匀调味，盛入盘中即可。

西蓝花拌杏仁 

〈材 料〉 西蓝花100克，杏仁片20克，葡萄干10克，洋葱50克，培根50克

〈调 料〉 盐2克，沙拉酱、橄榄油各适量

/ 做法 /

1 将洗净的西蓝花切成朵状，放入有清水的锅中，加入盐，汆烫4分钟之后捞出。
2 将洋葱切成圆圈状，将培根切成小片状。
3 在锅中放入适量的橄榄油烧热，放入培根片煸至金黄色。
4 将西蓝花、洋葱圈、杏仁片、培根片、葡萄干放到大的容器中，淋上沙拉酱拌匀。
5 将拌好的西蓝花杏仁沙拉装入沙拉碗中即可。

凉拌海草 

〈材 料〉 水发海带50克，水发裙带菜50克

〈调 料〉 陈醋适量

/ 做法 /

1 将水发海带洗净，切成丝状，倒入沸水锅中焯煮片刻，捞出备用。
2 将水发裙带菜洗净，切成丝状，倒入沸水锅中焯煮片刻，捞出。
3 取一碗，将切好的海带丝和裙带菜丝倒入其中，淋上适量的陈醋汁，搅拌均匀即可。

春季蔬菜沙司

10 min

〈材 料〉 土豆200克，豌豆30克，芦笋70克，四季豆70克，豆浆100毫升

〈调 料〉 盐2克，胡椒粉3克，椰子油5毫升

/ 做法 /

1 洗净去皮的土豆切滚刀块；洗净的四季豆去头尾，斜刀切段；芦笋拦腰切断，去皮，切段。

2 沸水锅中倒入洗净的豌豆，焯煮至断生，捞出，放入碗中待用；沸水锅中再倒入土豆块，焯煮至断生，捞出；继续往沸水锅中倒入四季豆段，焯煮至断生，捞出，放入碗中。

3 热锅注入椰子油烧热，倒入土豆块，炒匀，注入适量的清水，煮至沸腾，转小火煮3分钟。

4 倒入豌豆、芦笋段、四季豆段、豆浆，煮5分钟，加入盐、胡椒粉，拌匀后将菜肴盛入盘中即可。

养生小讲堂

豌豆含有胡萝卜素、硫胺素、烟酸、维生素、叶酸、钙等成分，具有帮助消化、美容美白、畅通大便等功效。

冬笋丝炒蕨菜

〈材 料〉 冬笋100克，蕨菜150克，红椒20克，姜丝、蒜末、葱白各少许

〈调 料〉 食用油30毫升，盐3克，鸡粉、蚝油、食用油、豆瓣酱、水淀粉各适量

/ 做法 /

1 将洗净的蕨菜切成段；已去皮洗好的冬笋切成丝；洗净的红椒切成丝。
2 锅中注入清水烧开，加入盐、鸡粉、食用油，拌匀，倒入蕨菜段、冬笋丝，拌匀，煮沸后捞出。
3 锅置旺火，注油烧热，倒入姜丝、蒜末、葱白、红椒丝炒香。
4 倒入冬笋丝、蕨菜段、盐、鸡粉、豆瓣酱、蚝油、水淀粉，翻炒均匀，盛出即成。

养生小讲堂

蕨菜营养丰富，其所含的粗纤维能促进胃肠蠕动，具有清肠排毒的作用，尤其适合便秘者和孕产妇食用。

杭椒鲜笋

养生小讲堂

竹笋含有丰富的氨基酸，多为人体所需，能消除水肿，吸附食物油脂，是减肥圣品。

《材 料》 杭椒65克，竹笋200克，红椒10克，蒜末、葱花各少许

《调 料》 盐5克，鸡粉2克，生抽10毫升，陈醋6毫升，辣椒油、芝麻油、食用油各适量

/ 做法 /

1 洗净的杭椒切成约4厘米长的段；洗净的红椒切粒；洗净的竹笋切段。
2 锅中倒水烧开，加入3克盐和少许食用油，放入杭椒段、竹笋段，煮至断生，捞出。
3 将焯煮好的杭椒段、竹笋段装入碗中，倒入蒜末、葱花、红椒粒。
4 加入2克盐、鸡粉、生抽、陈醋，倒入辣椒油、芝麻油，拌至入味即可。

小青椒炒小银鱼

3 min

〈材 料〉 小青椒4个，水发小银鱼40克，朝天椒粒20克

〈调 料〉 椰子油4毫升，料酒、生抽、盐各少许

/ 做法 /

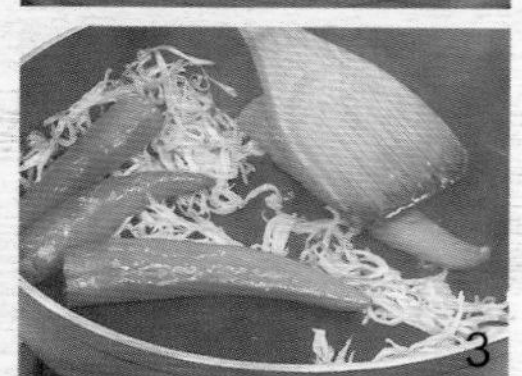

1 洗净的青椒去蒂，待用；热锅倒入椰子油烧热，放入朝天椒粒。
2 倒入泡发好的小银鱼，翻炒匀。
3 将青椒倒入锅中，压扁，翻炒。
4 淋入料酒、生抽、少许盐，翻炒调味，关火后将炒好的菜肴盛入盘中即可。

养生小讲堂

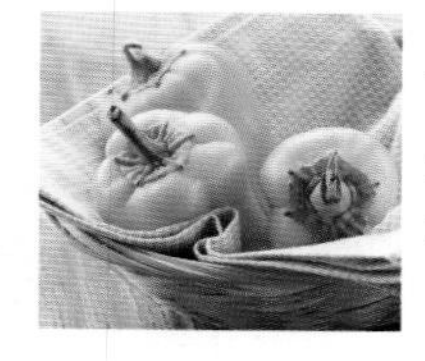

青椒含有维生素C、矿物质等营养成分，具有解热、镇痛、降脂减肥等功效。

糖醋菠萝藕丁

2 min

〈材 料〉 藕100克，菠萝肉150克，豌豆30克，枸杞、蒜末、葱花各少许

〈调 料〉 盐2克，白糖6克，番茄酱25克，食用油适量

/ 做法 /

1 菠萝肉切成丁；洗净去皮的藕切成丁。

2 锅中注入清水烧开，加入食用油，倒入藕丁、盐，搅匀，汆煮半分钟，倒入豌豆、菠萝丁，煮至断生，捞出，沥干水分。

3 用油起锅，倒入蒜末，爆香，倒入焯过水的食材，加入白糖、番茄酱、枸杞、葱花，翻炒片刻，待炒出葱香味，装入盘中即可。

牛蒡三丝

〈材 料〉 牛蒡100克，胡萝卜120克，青椒45克，蒜末、葱段各少许

〈调 料〉 盐3克，鸡粉2克，水淀粉、食用油各适量

/ 做法 /

1 胡萝卜、牛蒡均去皮洗净切细丝；青椒洗净去籽，切丝。
2 锅中注水烧开，加入盐、胡萝卜丝、牛蒡丝搅匀，煮约1分钟，捞出。
3 用油起锅，爆香葱段、蒜末，倒入青椒丝、焯煮过的食材，炒匀。
4 调入鸡粉、盐，倒入水淀粉勾芡，炒至食材熟透、入味后盛出即成。

老味厨房

土豆洋葱沙拉

《材 料》 土豆200克，白皮洋葱100克，葱10克

《调 料》 橄榄油10毫升，盐2克，香醋少许，红糖3克，蛋黄酱10克，柠檬汁适量，黑胡椒碎少许

/ 做法 /

1 将洋葱切成小丁，葱切成末待用。
2 锅中倒入橄榄油烧热，下入白皮洋葱丁翻炒，加入香醋、红糖搅拌至金黄色，起锅备用。
3 土豆连皮入锅中煮熟后取出去皮，切成小块。
4 把白皮洋葱丁和土豆块混合，加入蛋黄酱、柠檬汁、盐、黑胡椒碎搅拌均匀。
5 最后撒上葱末即成。

养生小讲堂

洋葱含有钾、维生素C、叶酸、锌、硒、纤维素等成分，具有促进食欲、防癌抗癌、增强免疫力等功效。

香草土豆沙拉

〈材 料〉 带皮土豆200克，欧芹50克，小葱、鲜莳萝草各10克

〈调 料〉 盐2克，白胡椒粉3克

养生小讲堂

莳萝草含有挥发油、柠檬烯及脂肪油等成分，具有祛肠胃胀气、利消化、消毒、安神助眠等功效。

/ 做法 /

1 将土豆洗净放入锅中，加适量盐煮20分钟至熟捞出。
2 将土豆去皮，切成2厘米厚的片状。
3 将土豆片装入容器中，撒上白胡椒粉拌匀，装入碗中。
4 将莳萝草、欧芹、小葱切碎撒到土豆上装饰即成。

奶油炖菜

20 min

《材 料》 去皮胡萝卜80克，春笋100克，口蘑50克，去皮土豆150克，西蓝花100克，奶油、黄油各5克，面粉35克

《调 料》 黑胡椒粉1克，料酒5毫升，盐适量

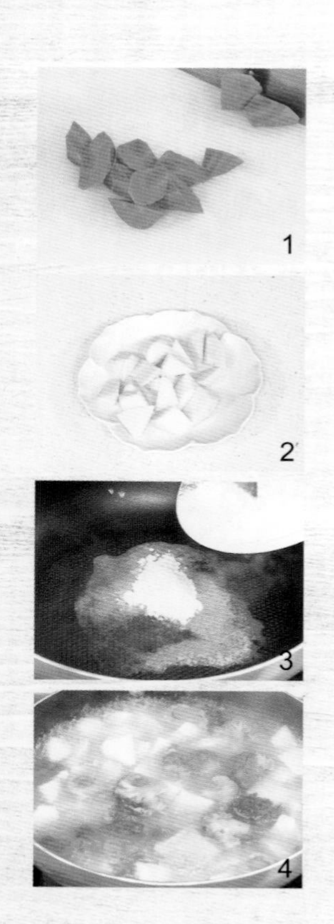

/ 做法 /

1 洗净的口蘑去柄；洗好的胡萝卜切滚刀块；洗净的春笋切滚刀块；洗好的土豆切滚刀块；洗好的西蓝花切小朵。

2 锅中注水烧开，倒入春笋块、料酒，拌匀，焯煮约20分钟至去除其苦涩味，捞出。

3 另起锅，倒入黄油，拌匀至溶化，加入面粉，拌匀，注入800毫升左右的清水，烧热，倒入春笋块、胡萝卜块、口蘑、土豆块，拌匀，用中火炖约15分钟至食材熟透。

4 放入西蓝花朵，加入盐、奶油，充分拌匀，加入黑胡椒粉，拌匀后盛出煮好的炖菜，装盘即可。

\养生小讲堂/

西蓝花含有丰富维生素C、维生素A、B族维生素、钙、磷、铁等多种营养物质，具有保护心血管、提高人体防癌功能、降低血脂等功效。

香煮胡萝卜

〈材 料〉 胡萝卜300克，香叶、花椒各少许

〈调 料〉 盐3克，鸡粉2克，食用油适量

/ 做法 /

1 胡萝卜去皮洗净切成圆片。
2 用油起锅，放入香叶、花椒，爆香，注入适量清水，煮至沸腾。
3 放入切好的胡萝卜片，调入鸡粉、盐，搅拌均匀，捞出胡萝卜片即可。

养生小讲堂

胡萝卜含有蔗糖、葡萄糖、淀粉、胡萝卜素等成分，具有增强免疫力、养肝明目、健胃消食等功效。

土豆炖油豆角

扫码看视频

〈材 料〉 土豆300克，油豆角200克，红椒40克，蒜末、葱段各少许

〈调 料〉 豆瓣酱15克，盐、鸡粉各2克，生抽、水淀粉各5毫升，老抽3毫升，食用油适量

/ 做法 /

1 洗净的油豆角切段；洗净去皮的土豆切成丁；洗好的红椒切成小块。

2 热锅注油烧热，倒入土豆丁，炸至金黄色，捞出，沥干油。

3 锅底留油，放入蒜末、葱段，爆香，倒入油豆角段、土豆丁，翻炒匀。

4 淋入清水，放入豆瓣酱，加少许盐、鸡粉，淋入生抽、老抽，炒匀调味，用小火焖5分钟，加入红椒块，炒匀，略焖片刻，用大火收汁，淋入适量水淀粉，快速翻炒匀即可。

养生小讲堂

油豆角中所含的氨基酸比例比较合理，有利于人体消化吸收，能促进身体发育、增强免疫力。

老味厨房

卤水芸豆角

〈材 料〉 芸豆角200克，草果2个，香叶3片，桂皮3克，干沙姜3克，葱段、姜片各少许

〈调 料〉 盐2克，鸡粉1克，食用油适量

/ 做法 /

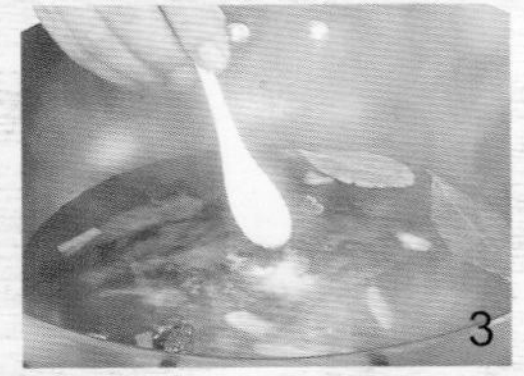

1 洗净去筋的芸豆角切小段。
2 锅中注水烧热，放入草果、香叶、桂皮、干沙姜，加入姜片和葱段，用大火煮开后转小火续煮30分钟成卤水。
3 放入盐，搅匀，放入切好的芸豆角段，搅匀，卤10分钟至熟软。
4 放入鸡粉，搅匀，淋入食用油，搅匀，关火后将卤好的芸豆角段摆盘，放上少许卤料即可。

养生小讲堂

芸豆角含有膳食纤维、维生素A、B族维生素、胡萝卜素、钙、钾、磷、镁等营养成分，具有促进新陈代谢、利肠通便等作用。

蒜香四季豆

10 min

〈材 料〉 四季豆250克，大蒜3瓣

〈调 料〉 盐2克，鸡粉2克，芝麻油5毫升，食用油适量

/ 做法 /

1 洗净的四季豆切去两端；去皮的大蒜切成薄片。
2 锅中注入适量清水，大火烧开，倒入四季豆，焯煮2分钟，捞出。
3 用油起锅，倒入大蒜片，爆香，加入四季豆，炒至熟软。
4 加入盐、鸡粉，炒至入味，出锅前淋入芝麻油拌匀调味即可。

韩式白菜泡菜

〈材 料〉 大白菜250克，红椒20克，生姜15克，蒜梗、辣椒粉、辣椒面各10克

〈调 料〉 盐15克，白糖10克，粗盐20克

/ 做法 /

1 将白菜切成四等分长条；生姜拍碎；红椒切粒，留部分红椒圈，剩余的剁碎；蒜梗切碎。

2 锅中加约2000毫升清水烧开，倒入白菜条，煮约1分钟，捞出，加入粗盐，拌匀，腌渍1天。

3 锅中注入少许清水烧开，放入辣椒面、切好的食材、辣椒粉，拌匀煮沸，加入盐、白糖，拌匀制成泡汁，盛出，放凉；腌渍好的白菜条用清水洗净，盛入碗中，放入调好的泡汁，拌匀，在碗中腌渍1天，盛出装盘即可。

白泡菜

〈材 料〉 白菜250克，熟土豆片各80克，苹果70克，胡萝卜75克，熟鸡胸肉95克

〈调 料〉 盐适量

/ 做法 /

1 熟鸡胸肉切碎；胡萝卜切丝；苹果切丝；取一个碗，倒入白菜、盐，拌匀腌渍20分钟。

2 备好榨汁机，倒入土豆片、鸡肉碎，注入适量凉开水，将食材打碎，倒入碗中；将白菜捞出，切成片；把胡萝卜丝、苹果丝倒入鸡肉泥中，放入盐，拌匀；取适量的食材放在白菜叶上，卷起，用保鲜膜封好，腌渍12小时即可。

清拌滑子菇

2 min

〈材 料〉 滑子菇150克，香菜叶少许

〈调 料〉 盐、鸡粉各2克，橄榄油各适量

/ 做法 /

1 将滑子菇倒入清水中，洗净。
2 将滑子菇倒入沸水锅中，加入少许盐，搅拌均匀，焯水片刻。
3 将焯好的滑子菇捞出，沥干水分，倒入清水中，过凉水后捞出，沥干水分。
4 将滑子菇倒入备好的碗中，加入鸡粉、盐拌匀，淋入适量橄榄油，拌匀，点缀上香菜叶即可。